Lorenz King

Permafrost in Skandinavien
Untersuchungsergebnisse aus Lappland,
Jotunheimen und Dovre/Rondane

HEIDELBERGER GEOGRAPHISCHE ARBEITEN

Herausgeber: Dietrich Barsch, Werner Fricke und Peter Meusburger
Schriftleitung: Ulrike Sailer und Heinz Musall

Heft 76

1984

Im Selbstverlag des Geographischen Institutes der Universität Heidelberg

Permafrost in Skandinavien
Untersuchungsergebnisse aus Lappland, Jotunheimen und Dovre/Rondane

von / by

Lorenz King

Permafrost in Scandinavia
results from Lapland, Jotunheimen and Dovre/Rondane

ISBN 3-88570-076-X

1984

Im Selbstverlag des Geographischen Institutes der Universität Heidelberg
Published by the Department of Geography, University of Heidelberg

Als Habilitationsschrift auf Empfehlung der Geowissenschaftlichen Fakultät der Ruprecht-Karl-Universität Heidelberg gedruckt mit Unterstützung der Deutschen Forschungsgemeinschaft

ISBN 3−88570−076−X

Druck: Erich Goltze GmbH & Co. KG, Göttingen

Dem Andenken an
Prof. Dr. Valter Schytt
gewidmet, der mit förderndem Interesse die Arbeiten in
seinem Tarfalavagge verfolgte.

Vorwort

Vor fast 10 Jahren äußerten wir aufgrund klimatologischer Überlegungen erste Andeutungen über das weitverbreitete Vorkommen von Hochgebirgspermafrost in Skandinavien. Verschiedene skandinavische Kollegen äußerten diesbezüglich neben großem Interesse auch große Skepsis. Eine von uns im Sommer 1976 im Kebnekaise-Gebiet durchgeführte kurze seismische Kampagne zeigte jedoch, daß Dauerfrostboden in dem glaziologisch und klimatologisch gut erforschten Raum überraschend stark vertreten ist (vgl. KING, 1976). Ende 1976 wurde deshalb, stimuliert durch die Arbeiten von D. BARSCH und W. HAEBERLI über Permafrost im Alpenraum, die Thematik "PERMAFROST IN SKANDINAVIEN" gezielt in Angriff genommen. Im Sommer 1977 wurden die vorgesehenen Untersuchungsräume während einer mehrwöchigen Reise besucht und abgegrenzt und in allen vier Gebieten seismische Sondierungen vorgenommen und Bodentemperaturmeßstellen eingerichtet.

Die Arbeit wurde durch die starken zeitlichen Beanspruchungen in meinem zweiten regionalen Schwerpunkt "Kanadische Arktis" stärker als beabsichtigt verzögert, so 1978 durch die Heidelberg-Ellesmere Island-Expedition, sowie durch verschiedene Arktisreisen, vor allem 1983. Unsere Untersuchungen erhielten andererseits dadurch wiederholt wesentliche Impulse.

Ab August 1979 bis Dezember 1981 standen mir dann durch die Deutsche Forschungsgemeinschaft die notwendigen finanziellen und personellen Mittel zur Verfügung, um die begonnene Unternehmung ausbauen und beenden zu können. In der Folge wurden erste zusammenfassende Ergebnisse veröffentlicht (KING, 1982, 1983).

Wir sind der Überzeugung, daß zum jetzigen Zeitpunkt genügend Daten vorliegen, um eine Abschätzung des Ausmaßes der Permafrostverbreitung im zentralen Bereich der skandinavischen Hochgebirge durchführen und einige grundlegende Beziehungen zwischen Klima und Dauerfrostboden herstellen zu können. Mit großer Freude haben wir gesehen, daß es uns auch gelungen ist, Physiogeographen für den rationellen Einsatz einiger geophysikalischer Methoden zu begeistern und sie anzuregen, die Dynamik periglazialer Prozesse nicht nur unter dem primären Aspekt des Frostwechsels, sondern nunmehr auch jenem des perennierend gefrorenen Untergrundes neu zu überdenken. In Norwegen laufen zur Zeit mehrere Arbeiten vor allem britischer und norwegischer Kollegen mit verwandter Thematik (- die fünfte Internationale Permafrost-Konferenz wird 1988 sogar in Trondheim stattfinden). Unsere eigene Arbeit wird durch ein Folgeprojekt mit periglazialmorphologischer Fragestellung weitergeführt; die aktuelle Dynamik und die Aufnahme der sie steuernden Faktoren steht dabei im Vordergrund. Regionaler Schwerpunkt wird Finnisch- und Schwedisch-Lappland sein, wobei die Methodik dazu vorerst im Alpenraum entwickelt und getestet wird.

Die nachfolgenden Ergebnisse hätten ohne die Mitwirkung einer großen Zahl von Institutionen, Kollegen und Freunden nicht in dieser Form gewonnen werden können. Ein erster Dank gilt daher der DEUTSCHEN FORSCHUNGSGEMEINSCHAFT, Bonn, sowie dem Direktor des Geographischen Instituts der Universität Heidelberg, Prof. Dr. DIETRICH BARSCH. Letzterer ermöglichte mir eine erste gemeinsame Begehung einiger Gebiete im Sommer 1974, sowie die Durchführung der Arbeiten in den Jahren 1976 und 1977 durch die Mittel aus seinem DFG-Projekt Ba 488/2. Ihm verdanke ich auch Unterstützung bei der Beschaffung der Geoelektrik-Apparatur Gga 30 sowie wohlwollendes Interesse und vielseitige Förderung. Die Deutsche Forschungsgemeinschaft unterstützte ab August 1979 meine Arbeiten durch Bewilligung des Projektes Ki 261/1. Bei der Einarbeitung in die Methode der geoelektrischen Sondierung und bei der Gerätewahl halfen mir die Frankfurter Geophysiker (v. a. Institutsdirektor Prof. Dr. H. BERCKHEMER und sein Mitarbeiter HELMUTH WINTER). Einen Einblick in die "Praxis des Geoelektrikers" erhielt ich durch Herrn Dr. WERNER FISCH, Zürich und Herrn Dipl.-Ing. R. BUCHHOLZ, Markdorf, während je zwei mehrtägigen gemeinsamen Unternehmungen im Permafrost der Alpen, wo, dank der Vorarbeiten von Prof. Dr. D. BARSCH und Priv.-Doz. Dr. W. HAEBERLI, gut bekannte Vergleichsobjekte untersucht werden konnten. Prof. Dr. E. MUNDRY (Hannover) diskutierte mit mir eine erste Interpretation der geoelektrischen Sondierungskurven.

In Skandinavien durfte ich bei vielen Institutionen und Kollegen nordische Gastfreundschaft und offene wissenschaftliche Diskussionen erleben. Ein besonderer Dank gilt hier dem leider viel zu früh verstorbenen Prof. Dr. VALTER SCHYTT, dem ehemaligen Direktor der Feldstation Tarfala, der mit großem Interesse unsere Arbeiten verfolgte und unterstützte und dem diese Arbeit auch gewidmet sei. Dr. JERZY BRZOZOWSKY, HELENA SCHYTT, BENGT SJÖBERG und ULF von SYDOW sowie weitere Mitarbeiter von VALTER SCHYTT registrierten für mich die Bodentemperaturen in Tarfala während meiner Abwesenheit und halfen auch beim Erheben weiterer Daten. Bei Docent Dr. BJÖRN HOLMGREN (Uppsala und Abisko) durfte ich über viele Jahre hinweg die Wohltat freundschaftlich-kritischer Gespräche und wissenschaftlicher Zusammenarbeit erfahren. Wesentliche logistische Unterstützung erhielt ich auch durch die Forschungsstation Abisko und deren Direktor Prof. Dr. MATS SONESSON und seine Mitarbeiter, insbesondere NILS ÅKE ANDERSSON. Bei den winterlichen Begehungen unterstützten mich die Kraftwerksgesellschaft GLOMMENS og LAAGENS BRUKSEIERFORENING (Chefing. KETIL MALMO, Oslo und OLAV DALLØKKEN, Dalholen), RAGNAR BAKKEBERGET (Sognefjell) und weitere Einheimische. Wertvolle Hinweise gaben mir auch die Kollegen Dr. RICHARD ÅHMAN (Lund), Dr. GEOFFREY CORNER (Tromsö), Dr. PER HOLMSEN (Oslo), Prof. Dr. DATTATRAI PARASNIS (Luleå), Prof. Dr. ANDERS RAPP (Lund), Prof. Dr. STEN RUDBERG (Göteborg),

Prof. Dr. MATTI SEPPÄLÄ (Helsinki), Prof. Dr. JOHAN LUDVIG SOLLID (Oslo), Prof. Dr. HARALD SVENSSON (Kopenhagen) und Prof. Dr. KARL-DAG VORREN (Tromsö). Mit großer Freunde erinnere ich mich an die Feldarbeiten in Skandinavien, bei denen zahlreiche Hilfskräfte und Freunde, durch das gestellte Problem und die Landschaft fasziniert, auch unter schwierigen Bedingungen unermüdlich mithalfen. Es waren dies: RAINER HEPPEL (1976), HANS HAPPOLDT und GERD VÖLKER (1977), HAJO FISCHER, HELMUTH WINTER und BERNHARD KOPECEK (ab 1979), BERND HOLLOCH, PETER-PAUL JECKEL und KARL LÜLL (1980), TORFI ÁSGEIRSSON und HEINER SUTTER (1981). Kritische Anregungen bei der Durchsicht des Manuskriptes gaben mir die Herren Prof. Dr. DIETRICH BARSCH (Heidelberg), Prof. Dr. VALTER SCHYTT (Stockholm), Docent Dr. BJÖRN HOLMGREN (Uppsala), HELMUTH WINTER (Frankfurt) und PETER-PAUL JECKEL (Gießen).

Die Drucklegung in der vorliegenden Form wurde schließlich ermöglicht durch die Herausgeber der HEIDELBERGER GEOGRAPHISCHEN ARBEITEN, welche das Opus in die Reihe aufnahmen, die Schriftleiterin Frau Dr. ULRIKE SAILER, die interessiert und gewissenhaft weitaus mehr als nur ihre Pflicht tat, und Herrn K. NEUWIRTH (Heidelberg), der die Gestaltung und saubere Reinzeichnung vieler Abbildungen besorgte, sowie die DEUTSCHE FORSCHUNGSGEMEINSCHAFT, die einen wesentlichen Druckkostenzuschuß leistete. Last but not least sorgte für die notwendige Wärme bei dem kalten Thema über viele Jahre meine Familie: CHRISTA, INES und MARVIN.

All den Genannten und vielen ungenannt Bleibenden möchte ich an dieser Stelle sehr herzlich für ihre Hilfe danken.

INHALTSVERZEICHNIS

1.	Einleitung	1
1.1	Definitionen	1
1.2	Ziel der Arbeit	1
1.3	Bisherige Arbeiten	2
1.4	Gebietswahl	4
1.5	Angewandte Methodik	6
2.	Untersuchungsräume	7
2.1	Lage der Untersuchungsräume in Lappland	7
2.2	Lage der Untersuchungsräume in Süd-Norwegen	11
3.	Der Untersuchungsraum Kebnekaise/Abisko	13
3.1	Die Testgebiete	13
3.2	Durchgeführte Arbeiten	17
3.3	Bodentemperaturmessungen im Gebiet Tarfala	20
3.4	Hammerschlagseismische Arbeiten im Gebiet Tarfala	39
3.5	Geoelektrische Sondierungen im Gebiet Tarfala	48
3.6	BTS-Messungen im Gebiet Tarfala	56
3.7	Beobachtungen im Ladtjovagge und bei Nikkaluokta	64
3.8	Beobachtungen am Torneträsk (Abisko und Stordalen)	66
3.9	Zusammenfassung der Ergebnisse aus dem Untersuchungsraum Kebnekaise/Abisko	68
4.	Der Untersuchungsraum Lyngen	70
4.1	Die Lyngen-Halbinsel	70
4.2	Der morphologische Formenschatz	71
4.3	Ergebnisse geophysikalischer Arbeiten im Veidal und Gjerdelvdal	73
4.4	Ergebnisse der BTS-Messungen in Lyngen	75
4.5	Ergänzende Beobachtungen und Zusammenfassung der Ergebnisse aus dem Untersuchungsraum Lyngen	78

5.	Der Untersuchungsraum Jotunheimen	79
5.1	Lage der Testgebiete Juvasshytta, Leirvassbu und Sognefjell	79
5.2	Ergebnisse der Bodentemperaturmessungen im Untersuchungsraum Jotunheimen	81
5.3	Ergebnisse der seismischen Arbeiten in Jotunheimen	89
5.4	Ergebnisse der geoelektrischen Arbeiten in Jotunheimen	90
5.5	Ergebnisse der BTS-Messungen in Jotunheimen	93
5.6	Zusammenfassung der Ergebnisse aus dem Untersuchungsraum Jotunheimen	101
6.	Der Untersuchungsraum Dovre/Rondane	103
6.1	Lage der Testgebiete Einunna (Dovre) und Simlepiggen (Rondane)	103
6.2	Ergebnisse aus dem Untersuchungsgebiet Dovre/Rondane	105
7.	Methodische Erfahrungen und Ergebnisse	112
7.1	Die Rammsondierung	112
7.2	Die Bodentemperaturmessung	114
7.3	Die refraktionsseismische Sondierung	119
7.4.	Die geoelektrische Sondierung	122
7.5	Die BTS-Methode	125
8.	Die Verbreitung von Permafrost in Skandinavien - Schlußfolgerungen und Ausblick	128
8.1	Modell der Permafrostverbreitung in Skandinavien	128
8.2	Die kartographische Darstellung der Permafrostuntergrenze in Hochgebirgen	134
8.3	Ausblick	139
	Zusammenfassung	144
	Summary	146
	Literaturverzeichnis	148
	Anhang: Weg-Zeit-Diagramme ausgewählter seismischer Sondierungen	167

CONTENTS

1.	Introduction, definitions, aim of study	1
2.	Study regions	7
2.1	Location of study regions in Lapland	7
2.2	Location of study regions in southern Norway	11
3.	The study region Kebnekaise/Abisko	13
3.1	The test areas Tarfala, Ladtjovagge and Torneträsk	13
3.2	Field work accomplished	17
3.3	Ground temperature measurements in the Tarfala area	20
3.4	Refraction seismic studies in the Tarfala area	39
3.5	Geoelectric soundings in the Tarfala area	48
3.6	BTS-measurements in the Tarfala area	56
3.7	Observations in Ladtjovagge and Nikkaluokta	64
3.8	Observations and measurements in the Torneträsk area	66
3.9	Summary of the results (Kebnekaise/Abisko region)	68
4.	The Lyngen study region	70
4.1	The Lyngen Peninsula	70
4.2	Geomorphology of the area	71
4.3	Geophysical results in Veidalen and Gjerdelvdalen	73
4.4	Results of BTS-measurements in Lyngen	75
4.5	Additional observations and summary (Lyngen region)	78
5.	The study region Jotunheimen	79
5.1	Location of the test areas Juvasshytta, Leirvassbu and Sognefjell	79
5.2	Results of the ground temperature measurements	81
5.3.	Results of seismic measurements	89
5.4	Results of geoelectrical soundings	90
5.5	Results of BTS-measurements	93
5.6	Summary of the results from the Jotunheimen region	101

6.	The study region Dovre/Rondane	103
6.1	Location of the test area Einunna and Simlepiggen	103
6.2	Summary of the results (Dovre/Rondane region)	105
7.	Methodological experiences and results	112
7.1	Soundings with a steel rod	112
7.2	Ground temperature measurements	114
7.3	Refraction seismic techniques	119
7.4	DC-geoelectrical soundings	122
7.5	The BTS-method	125
8.	The distribution of alpine permafrost in Scandinavia	128
8.1	Model for a vertical permafrost zonation	128
8.2	The cartographic presentation of a lower permafrost limit in high mountains areas	134
8.3	Prospects	139
	Zusammenfassung	144
	English summary	146
	Bibliography	148
	Annex: Seismic travel-time - distance graphs	167

VERZEICHNIS DER ABBILDUNGEN

Abb. 1: Lage der vier Untersuchungsräume	6
Abb. 2: Karte der Untersuchungsräume in Lappland	9
Abb. 3: Karte der Untersuchungsräume in Südnorwegen	11
Abb. 4: Der Untersuchungsraum Kebnekaise/Abisko	13
Abb. 5: Luftbild: Kebnekaise und Tarfalatal	15
Abb. 6: Photo: Kebnekaise und Storglaciären	17
Abb. 7: Photo: Tarfalavagge mit Testhang	18
Abb. 8: Lagekarte der Meßstellen T und G (Tarfala)	19
Abb. 9: Ablesungshäufigkeit der Temperaturfühler (Tarfala)	25
Abb. 10: Wichtige Begriffe (Schema)	25
Abb. 11: Bodentemperaturen T25 und T26 (Tarfala)	27
Abb. 12: Bodentemperaturen T28 und T29 (Tarfala)	28
Abb. 13: Bodentemperaturen T30 und T32 (Tarfala)	29
Abb. 14: Bodentemperaturen T33 (Tarfala)	30
Abb. 15: Bodentemperaturen T34 und T35 (Tarfala)	31
Abb. 16: Bodentemperaturen T36 und T37 (Tarfala)	32
Abb. 17: Zyklische Bodentemperaturschwankungen (Modell)	34
Abb. 18: Mittlere Bodentemperaturen (Testhang Tarfala)	37
Abb. 19: "P" als Funktion der seismischen Geschwindigkeit	37
Abb. 20: Karte der seismischen Sondierungsstellen (Tarfala)	40
Abb. 21: Eistemperaturen (Storglaciären)	46
Abb. 22: Mächtigkeit der Auftauschicht (Testgebiet Tarfala)	46
Abb. 23: Photo: Blick vom Tarfalatjåkka gegen SE	47
Abb. 24: Seitenmoränenkomplex Stor- und Tarfalaglaciären	51
Abb. 25: Geoelektrische Sondierungskurven G7, G8, G9 und G3	52
Abb. 26: Geoelektrische Sondierungskurven G1 und G2	55
Abb. 27: Lagekarte der winterlichen Sondierungsstellen (Tarfala)	60
Abb. 28: Photo: Blick vom Tarfalatjåkka zum Tarfalasjön	61
Abb. 29: Photo: Talboden bei Tarfala im Winter	62

Abb. 30:	Schneebasistemperaturen BTS 1 bis BTS 8 (Tarfala)	63
Abb. 31:	Schneebasistemperaturen BTS 9 bis BTS 16 (Tarfala)	63
Abb. 32:	Schnee- und Eistemperaturen auf Paittasjärvi	67
Abb. 33:	Photo: Palsas in Stordalen (bei Abisko)	68
Abb. 34:	Karte des Untersuchungsraumes Lyngen	71
Abb. 35:	Luftbild: Veidalen	72
Abb. 36:	Karte des Testgebietes Veidalen	74
Abb. 37:	Karte des Testgebietes Gjerdelvdalen	76
Abb. 38:	Photo: Lyngenfjord im Winter	77
Abb. 39:	Schneebasistemperaturen BTS 17 bis BTS 24 (Lyngen)	77
Abb. 40:	Karte des Untersuchungsraumes Jotunheimen	79
Abb. 41:	Luftbild: Jotunheimen	80
Abb. 42:	Karte des Testgebietes Juvasshytta	82
Abb. 43:	Bodentemperaturen auf Juvasshytta	84
Abb. 44:	Karte des Testgebietes Leirvassbu	88
Abb. 45:	Photo: Blick vom Galdhöppig nach E	91
Abb. 46:	Photo: Blick vom Galdhöppig nach W	92
Abb. 47:	Photo: Hochflächen bei Juvasshytta im Winter	95
Abb. 48:	Schneebasistemperaturen BTS 34 bis BTS 43 (Jotunheimen)	97
Abb. 49:	Karte des Testgebietes Sognefjell	98
Abb. 50:	Schneeverwehung auf dem Sognefjell	97
Abb. 51:	Luftbild: Sognefjell	100
Abb. 52:	Karte des Untersuchungsraumes Dovre/Rondane	104
Abb. 53:	Karte des Testgebietes Einunna (W-Teil)	106
Abb. 54:	Karte des Testgebietes Einunna (E-Teil)	107
Abb. 55:	Photo: Palsafeld bei Melöya	108
Abb. 56:	Bodentemperaturen im Testgebiet Einunna	109
Abb. 57:	Karte des Testgebietes Simlepiggen	111
Abb. 58:	Schneebasistemperaturen BTS 44 und BTS 45 (Rondane)	113
Abb. 59:	Photo: Rammsondierung (Juvasshytta)	115
Abb. 60:	Photo: Geoelektrische Sondierung (Veidalen)	115

Abb. 61: Spezifische elektrische Widerstände 124
Abb. 62: Photo: Dichtebestimmung im Schneeschacht (Sognefjell) 124
Abb. 63: Unsicherheitsbereich der BTS-Methode 127
Abb. 64: BTS-Wert, Schneehöhe und mittlere Bodentemperatur 127
Abb. 65: Untergrenzen der Permafroststufen (Modell) 131
Abb. 66: Isothermenkarte von Lappland 135
Abb. 67: Querschnitte durch Lappland 136
Abb. 68: Karte der Palsavorkommen in Lappland 136
Abb. 69: Querschnitte durch Südnorwegen 139
Abb. 70: Isothermenkarte von Südnorwegen 138
Abb. 71: Photo: Steinstreifen 142
Abb. 72: Photo: Hotel Juvasshytta 142

LIST OF FIGURES

Fig. 1: Location of investigation regions 6
Fig. 2: Map of investigation regions in Lapland 9
Fig. 3: Map of investigation regions in Southern Norway 11
Fig. 4: Map of investigation regions in Kebnekaise/Abisko 13
Fig. 5: Aerial photo: Kebnekaise and Tarfalavagge 15
Fig. 6: Photo: Kebnekaise and Storglaciären 17
Fig. 7: Photo: Tarfalavagge with test slope 18
Fig. 8: Location map of test sites T and G (Tarfala) 19
Fig. 9: Reading frequency of temperature probes (Tarfala) 25
Fig. 10: Important terms 25
Fig. 11: Soil temperatures T25 and T26 (Tarfala) 27
Fig. 12: Soil temperatures T28 and T29 (Tarfala) 28
Fig. 13: Soil temperatures T30 and T32 (Tarfala) 29
Fig. 14: Soil temperatures T33 (Tarfala) 30
Fig. 15: Soil temperatures T34 and T35 (Tarfala) 31
Fig. 16: Soil temperatures T36 and T37 (Tarfala) 32

Fig. 17:	Cyclical soil temperature variations (model)	34
Fig. 18:	Mean temperatures (test slope Tarfala)	37
Fig. 19:	"P" as function of seismic velocity	37
Fig. 20:	Map of seismic sounding sites (Tarfala)	40
Fig. 21:	Ice-temperatures (Storglaciären)	46
Fig. 22:	Thickness of active layer (test slope Tarfala)	46
Fig. 23:	Photo: view from Tarfalatjåkka to SE	47
Fig. 24:	Lateral moraine complex Stor- and Tarfalaglaciären	51
Fig. 25:	Geoelectrical sounding graphs G7, G8, G9 and G3	52
Fig. 26:	Geoelectrical sounding graphs G1 and G2 (Tarfala)	55
Fig. 27:	Location map of winter sounding sites	60
Fig. 28:	Photo: view from Tarfalatjåkka to Tarfalasjön	61
Fig. 29:	Photo: valley floor at Tarfala in winter	62
Fig. 30:	Basal temperatures of snow cover BTS 1 to BTS 8	63
Fig. 31:	Basal temperatures of snow cover BTS 9 to BTS 16	63
Fig. 32:	Snow and ice temperatures on Paittasjärvi	67
Fig. 33:	Photo: palsas at Stordalen	68
Fig. 34:	Map of investigation region Lyngen	71
Fig. 35:	Aerial photo: Veidalen	72
Fig. 36:	Map of test area Veidalen	74
Fig. 37:	Map of test area Gjerdelvdalen	76
Fig. 38:	Photo: Lyngenfjord in winter	77
Fig. 39:	Basal temperatures of snow cover BTS 17 to BTS 24	77
Fig. 40:	Map of investigation region Jotunheimen	79
Fig. 41:	Aerial photo: Jotunheimen	80
Fig. 42:	Map of test area with sounding sites	82
Fig. 43:	Soil temperatures on Juvasshytta	84
Fig. 44:	Map of test area Leirvassbu with sounding sites	88
Fig. 45:	Photo: view from Galdhöppig to E	91
Fig. 46:	Photo: view from Galdhöppig to W	92
Fig. 47:	Photo: plateau at Juvasshytta in winter	95

Fig. 48: Basal temperatures of snow cover BTS 34 to BTS 43   97
Fig. 49: Map of test area Sognefjell   98
Fig. 50: Photo: snow drift on Sognefjell   97
Fig. 51: Aerial photo: Sognefjell   100
Fig. 52: Map of investigation region Dovre/Rondane   104
Fig. 53: Map of investigation area Einunna (western part)   106
Fig. 54: Map of investigation area Einunna (eastern part)   107
Fig. 55: Photo: palsa field at Melöya   108
Fig. 56: Soil temperatures at test area Einunna   109
Fig. 57: Map of investigation area Simlepiggen   111
Fig. 58: Basal temperatures of snow cover BTS 44 and BTS 45   113
Fig. 59: Photo: sounding (Juvasshytta)   115
Fig. 60: Photo: geoelectrical sounding (Veidalen)   115
Fig. 61: Specific electrical resistivities   124
Fig. 62: Photo: measurement of snow density in snow pit   124
Fig. 63: Uncertainty range of BTS-method   127
Fig. 64: BTS-value, snow thickness and mean soil temperature   127
Fig. 65: Altitudinal zonation of alpine permafrost   131
Fig. 66: Isotherm map of Lapland   135
Fig. 67: Section across Lapland   136
Fig. 68: Map of palsa localities in Lapland   136
Fig. 69: Sections across Southern Norway   139
Fig. 70: Isotherm map of Southern Norway   138
Fig. 71: Photo: Stone stripes   142
Fig. 72: Photo: Hotel Juvasshytta   142

VERZEICHNIS DER TABELLEN

Tab. 1:	Mittlere Lufttemperaturen und Niederschlag	5
Tab. 2:	Mittlere Lufttemperaturen (Tarfala)	16
Tab. 3:	Bodentemperaturmeßstellen T 25 bis T 37	21
Tab. 4:	Bodentemperaturen (Tarfala)	21
Tab. 5:	Amplitude der Bodentemperatur und Schneehöhe (Tarfala)	34
Tab. 6:	Permafrost und Auftautiefe (Tarfala)	36
Tab. 7:	Daten der Seismikprofile (Kebnekaise-Gebiet)	38
Tab. 8:	Mittlere seismische Geschwindigkeiten und Tiefen	41
Tab. 9:	Hochgelegene und windexponierte Stellen (Seismik)	43
Tab. 10:	Standorte im Bereich des Talbodens	44
Tab. 11:	Seismische Geschwindigkeiten (Storglaciären)	45
Tab. 12:	Geoelektrische Sondierungen (Testgebiet Tarfala)	47
Tab. 13:	TS-Profile (Untersuchungsraum Kebnekaise/Abisko)	57
Tab. 14:	BTS-Profile (Untersuchungsraum Kebnekaise/Abisko)	58
Tab. 15:	Temperaturamplitude auf See-Eis (Paittasjärvi)	66
Tab. 16:	Bodentemperaturmeßstellen (Jotunheimen)	83
Tab. 17:	Bodentemperaturen (Testgebiet Juvasshytta)	85
Tab. 18:	Angaben zu Seismikprofilen (Jotunheimen)	86
Tab. 19:	Mittlere Geschwindigkeiten und Tiefen (Seismik)	87
Tab. 20:	Geoelektrische Sondierungen (Jotunheimen und Dovre)	91
Tab. 21:	BTS-Profile (Jotunheimen)	94
Tab. 22:	Typische seismische Geschwindigkeiten	120
Tab. 23:	Untergrenzen von Permafrostvorkommen	133
Tab. 24:	Höhenlage der Isothermen	133

LIST OF TABLES

Table 1:	Mean air temperatures and precipitation	5
Table 2:	Mean air temperatures (Tarfala)	16
Table 3:	Soil temperatures at test sites T 35 to T 37 (Tarfala)	21
Table 4:	Soil temperatures (Tarfala)	21
Table 5:	Amplitude of soil temperature and snow thickness	34
Table 6:	Permafrost and active layer (Tarfala)	36
Table 7:	Data of seismic soundings (Kebnekaise area)	38
Table 8:	Mean seismic velocities and depths	41
Table 9:	Elevated and windexposed sites (seismic)	43
Table 10:	Locations in the valley floor area (seismic)	44
Table 11:	Seismic velocities (Storglaciären)	45
Table 12:	Geoelectrical soundings (test area Tarfala)	47
Table 13:	TS-profiles (investigation region Kebnekaise/Abisko)	57
Table 14:	BTS-profiles (investigation region Kebnekaise/Abisko)	58
Table 15:	Temperature amplitude on sea ice (Paittasjärvi)	66
Table 16:	Soil temperature at test sites in Jotunheimen	83
Table 17:	Soil temperatures (test area Juvasshytta)	85
Table 18:	Data of seismic profiles (Jotunheimen)	86
Table 19:	Mean seismic velocities and depths	87
Table 20:	Geoelectrical soundings (Jotunheimen and Dovre)	91
Table 21:	BTS-profiles (Jotunheimen)	94
Table 22:	Typical seismic velocities	120
Table 23:	Altitudinal zonation of alpine permafrost and MAAT	133
Table 24:	Altitudes of isotherms	133

1. Einleitung

1.1 Wichtigste Definitionen

Unter Permafrost (Dauerfrostboden) verstehen wir, in Anlehnung an MULLER (1947), Untergrundmaterial, das während mindestens zwei Wintern und einem dazwischenliegenden Sommer Temperaturen unter 0 °C aufweist. Gletscher werden konventionellerweise vom Begriff Permafrost ausgenommen (EMBLETON & KING, 1975: 26; WASHBURN, 1979: 21).

Andere Definitionen geben z.B. BLACK (1954), CAILLEUX & TAYLOR (1954) oder HAMELIN & COOK (1967). Im Unterschied zu den ursprünglichen Definitionen (MULLER, 1947) wird die Mindestdauer der Bodengefrornis in unserer Arbeit bewußt auf eine Saison festgelegt, da in der Praxis, wie auch BROWN & PÉWÉ (1973: 72) richtig feststellen, jede andere Mindestdauer (zwei oder drei Jahre) die Geländearbeiten erschwert und keine Vorteile bringt.

Neben dem Temperaturkriterium verlangt STEARNS (1966), daß im Falle von Permafrost ein genügend großer Prozentsatz von eventuell vorhandenem Porenwasser gefroren sein muß, um die mineralischen und organischen Partikel zu zementieren. Ist wenig oder kein Porenwasser vorhanden, bildet allein die Temperatur die Grundlage der Definition von Permafrost (vgl. dazu WASHBURN, 1979: 21; FRENCH, 1980: 258-259). "Dry-frozen ground" ist in der Praxis bei unseren Untersuchungen nicht von Bedeutung.

Die "Zero Annual Amplitude" (ZAA) ist jene Tiefe, in welcher die oberflächlichen Jahresschwankungen der Temperatur praktisch nicht mehr meßbar sind. Die hier ermittelte Permafrosttemperatur gibt erste Hinweise auf eine mögliche Tiefe der Permafrostuntergrenze und somit der Permafrostmächtigkeit. Permafrost tritt im sporadischen Bereich weitgehend in isolierten Körpern auf, ist im diskontinuierlichen Bereich als mehr oder weniger fleckiges Muster weitverbreitet und im kontinuierlichen Bereich ist Permafrost durchgehend vorhanden (HAEBERLI, 1975b: 13). Eine Gliederung nach Höhenstufen wird als ein Ergebnis dieser Arbeit im Kapitel 9 gegeben. Weitere Definitionen folgen im Text (vgl. auch Abb. 10).

1.2 Problemstellung und Ziel der Arbeit

Genauere Vorstellungen über das Ausmaß der Permafrostverbreitung in Skandinavien existieren bislang kaum. Bei der Erforschung periglazialer Formen und Prozesse hingegen besitzt Nordeuropa eine lange Forschungstradition. Einen ausgezeichneten Überblick mit zahlreichen Literaturangaben gibt SVENSSON (1982). In der umfangreichen periglazialmorphologischen Literatur beschränken sich die Darstellungen von Permafrostvorkommen auf zwei ganz spezielle Formen: Palsas und Ice-Cored Moraines.

Es erschien uns daher dringend notwendig, die Kenntnisse über die Permafrostverbreitung in Skandinavien zu erweitern (Untergrenzen der Verbreitung, Mächtigkeit, Abhängigkeit der Vorkommen von Exposition und winterlicher Schneedecke etc.). Insofern sollen unsere Ergebnisse einerseits wichtige Basisinformation geben zu weiterführenden lokalen Detailstudien über Permafrost, andererseits aber auch neue Aspekte bei regionalen periglazialmorphologischen Arbeiten ermöglichen.

Bei der Durchsicht der Permafrostliteratur fällt auf, daß die meisten Arbeiten den Permafrost höherer Breiten behandeln. Hier wird auch die Bedeutung geomorphologischer Formen als Indikatoren für Permafrostvorkommen schon sehr lange und eingehend diskutiert (vgl. z.B. FERRIANS & HOBSON, 1973: 482f.; BIRD, 1967; BLACK, 1976). Die Zahl der Studien, die weltweit in Hochgebirgen durchgeführt wurden, ist dagegen gering (vgl. Kap. 8), und die Kenntnisse in diesem Bereich sind noch sehr lückenhaft. Dies wird in vielen Arbeiten bedauert (z.B. GORBUNOV, 1978: 284; HARRIS & BROWN, 1978: 386; SCOTTER, 1975: 93). Unsere Arbeit soll daher auch einen allgemeinen Beitrag zu Problemen des alpinen Permafrostes leisten.

1.3 Bisherige Arbeiten

Palsas und Ice-Cored Moraines sind zwei ganz spezielle Periglazialformen, die in der Regel Torfmoore bzw. Gletscher zu ihrer Bildung benötigen. Palsas (Torfhügel mit einem Permafrostkern, vgl. WASHBURN, 1983) sind besonders auffallend und leicht zu untersuchen. Die Zahl der Palsabeschreibungen und -untersuchungen ist daher auch seit den ersten Arbeiten (FRIES & BERGSTRÖM, 1910) enorm gewachsen (vgl. etwa Literatur in ÅHMAN, 1977), und Palsastudien werden auch heute noch in großer Zahl weitergeführt (SEPPÄLÄ, 1982a). In vielen Palsarbeiten wird ausdrücklich darauf hingewiesen, daß Permafrostvorkommen in Skandinavien hauptsächlich auf Palsas beschränkt sind, so z.B. in VORREN (1967: 4) oder WRAMNER (1973: 3), und diskontinuierlicher oder gar kontinuierlicher Permafrost kaum auftritt (SVENSSON, 1962: 226). In vielen anderen Arbeiten wird diese Frage kaum berührt, und KARTE (1980: 455) kann noch mit Recht feststellen, daß über das Auftreten von Dauerfrostboden in den Höhenlagen abseits der Palsamoore bisher erst wenig bekannt ist (vgl. auch Karte 1979a).

Ice-Cored Moraines sind wesentlich schwieriger zu untersuchen; die Zahl der darüber existierenden Arbeiten ist entsprechend gering. ØSTREM (1960, 1964, 1965) entwickelt in seinen methodisch sehr vielseitigen Pionierarbeiten Vorstellungen über die Bildung dieser in den skandinavischen Hochgebirgen häufig auftretenden Form. Er unterläßt es aber, aus seinen Ergebnissen den Schluß auf das Vorkommen allgemein verbreiteten Permafrostes zu ziehen, obwohl z.B. perennierende Schneefelder als Indikatoren dafür in vielen seiner Arbeitsgebiete regelmäßig vorkommen. Erst

BARSCH (1971) weist darauf hin, daß es sich bei Ice-Cored Moraines um Permafrostkörper handelt, indem er diese als besondere Blockgletscherform auffaßt (vgl. ØSTREM, 1971). Die Arbeiten ØSTREM's geben insofern die bislang wertvollste Information über Permafrostvorkommen im Hochgebirge. Die Aussagen bleiben aber naturgemäß auf sehr spezielle Situationen beschränkt. Die Untergrenze der Verbreitung von diskontinuierlichem Permafrost kann daher, wie später noch gezeigt wird, aus der Höhenlage der Ice-Cored Moraines nicht konstruiert werden.

Neben der Palsaliteratur und den Arbeiten ØSTREM's müssen noch punktuelle Funde von Permafrost erwähnt werden. RAPP & ANNERSTEN (1969) vermuten Permafrost in einem Polygonfeld im Padjelanta-Gebiet (vgl. auch RAPP & CLARK, 1971 oder WHITE et al., 1969). EKMAN (1957) findet im Zuge einer Bohrung zur Wasserversorgung in Nordschweden ein mächtiges Permafrostvorkommen, in einer zweiten, benachbarten Bohrung schien Permafrost hingegen zu fehlen. ÅHMAN (1967: 18) erwähnt, daß nach Aussagen von Baustellenleitern gefrorener Boden selbst noch Ende August oder Anfang September angetroffen wurde. Nach meinen eigenen Erfahrungen ist bei der Verwendung solcher Mitteilungen große Vorsicht geboten, da es sehr wohl möglich ist, daß aus der Erinnerung gemachte Zeitangaben falsch sein können, und damit Reste von Winterfrost als Permafrost interpretiert werden. Neueste Bodentemperaturmessungen hingegen existieren von KNUTSSON (1980).

Übersichtskarten der Permafrostverbreitung in Skandinavien existieren bislang nicht, sieht man von den kleinstmaßstäbigen Karten z.B. von PÉWÉ (1969, 1979, Fig. 1), BLACK (1954) oder TRICART (1967: 60) ab. Auf diesen Karten der Nordhalbkugel sind, anhand von theoretischen Überlegungen Grenzlinien gezogen worden, jedoch zumeist ohne eigene Feldarbeiten in Skandinavien. Bei BLACK (1954) fallen schwedisch und norwegisch Lappland in den Bereich des sporadischen Permafrosts, das weitaus stärker kontinental geprägte Gebiet von finnisch Lappland ist seltsamerweise als permafrostfrei eingezeichnet. Bei PÉWÉ (1979) reicht ein schmales Band "diskontinuierlichen Permafrosts" über die nördlichen Teile der Gebirge Fennoskandiens bis hin zur Kolahalbinsel, wobei vor allem Palsavorkommen zur Grenzziehung beigetragen haben dürften (vgl. dazu auch Fig. 1 in RAPP, 1982). Die Zone sporadischen Permafrosts wurde als südliche Randzone des diskontinuierlichen Permafrosts (BROWN and PÉWÉ, 1973: 72) miteingeschlossen. Der einzige Autor, der aufgrund eigener Feldarbeiten feststellt, daß Permafrost in Skandinavien wahrscheinlich in bedeutend größerem Umfang als bisher bekannt vorkommt, ist ÅHMAN (1977). Seine Dissertation beschränkt sich aber auf die Morphologie, die Verbreitung und die klimatischen Voraussetzungen von Palsas.

Im übrigen existiert wohl eine größere Zahl periglazialer Arbeiten über Skandinavien (z.B. ANDERSEN, 1972; RAPP, 1960; RAPP & RUDBERG, 1964; RUDBERG, 1977; SVENSSON, 1963). Es wird dabei aber nicht, oder nur selten und randlich,auf die mögliche Existenz von Permafrost hingewiesen (z.B. in BARSCH & TRETER, 1976; LUNDQVIST, 1963 oder SVENSSON, 1969). Dagegen fehlen für Skandinavien noch heute sowohl umfassendere lokale Beschreibungen als auch regionale Arbeiten, die die Verbreitung von Permafrost und dessen Abhängigkeit von den wichtigsten Parametern (Klima, Lage, Schneedecke) darstellen.

Die Ergebnisse unserer ersten Feldperiode (Sommer 1976) sind schon publiziert (KING, 1976). Es gelang uns dabei nachzuweisen, daß Permafrost auch außerhalb der von ØSTREM (1964, 1965) beschriebenen Ice-Cored Moraines regelmäßig und verbreitet im Tarfalatal vorkommt. Diese Resultate haben uns zu der vorliegenden, bewußt weiträumig angelegten Untersuchung stimuliert.

1.4 Gebietswahl

Um das Ausmaß der Permafrostverbreitung in Skandinavien möglichst repräsentativ erfassen zu können, sind die Feldarbeiten in vier Untersuchungsräumen durchgeführt worden, die sich klimatisch v.a. hinsichtlich der Niederschläge deutlich voneinander unterscheiden. Nördlich des Polarkreises liegt auf einer Halbinsel E von Tromsö der Untersuchungsraum Lyngen, am Ostrand der Kaledoniden der stärker kontinental beeinflußte Untersuchungsraum Kebnekaise/Abisko (Abb. 1). Die Differenz der mittleren Lufttemperatur zwischen dem kältesten und wärmsten Monat beträgt in Lyngen zwischen 16 ^{o}C (Tromsö) und 20 ^{o}C (Skibotn, Kvesmenes-Ryeng); in Kebnekaise/Abisko werden zwischen 23 ^{o}C und 27 ^{o}C registriert (vgl. Tabelle 1). Die Hochgebirgsstation Tarfala, die oberhalb der winterlichen Inversionen liegt, zeigt eine Amplitude von 19 ^{o}C.[1]

Südlich des Polarkreises wurden die Räume Jotunheimen und Dovre/Rondane untersucht (vgl. Abb. 1). Das zwischen den Flüssen Glåma und Lågen befindliche Untersuchungsgebiet Dovre/Rondane zeigt ähnliche Differenzen der mittleren Lufttemperaturen wie das SW anschließende Jotunheimen mit Werten zwischen 20 ^{o}C und 23 ^{o}C. Erst die westlich bzw. östlich davon liegenden Räume zeigen eine stärkere maritime bzw. kontinentale Beeinflussung. Die Hochgebirgsstation Fanaråken weist mit 15 ^{o}C wiederum eine geringe mittlere Jahresschwankung auf.

Es handelt sich somit um vier mäßig ozeanisch bis mäßig kontinental ausgebildete Räume. Die beiden Untersuchungsräume in Lappland liegen rund 800 km Luftlinie von jenen in Südnorwegen entfernt. Die mit den großen Entfernungen verbundenen logistischen Schwierigkeiten wurden bewußt in Kauf genommen, denn nur vergleichende Untersuchungen in klimatisch

---

[1] Werte aus z.T. unpubl. Statistiken der Wetterdienste, aus ROSSWALL et al., 1975; SCHYTT, 1968; SEPPÄLÄ, 1976; SONESSON, 1980a und 1980b.

Tab. 1: Mittelwerte der Lufttemperatur (in °C) und jährlicher Niederschlag (in mm)

Table 1: Mean air temperatures and precipitation (Lapland and southern Norway)

Quellen: Zusammenstellungen der norwegischen bzw. schwedischen meteorologischen Institute. Stationswerte von Tarfala: schrift. Mitt. von V. SCHYTT. Pårtetjåkka aus MARKGREN 1964: 13f.

a) LAPPLAND

Station	Periode	m ü.d.M.	Lat.	J	F	M	A	M	J	J	A	S	O	N	D	Jahr	Ampl.	N
Tromsø II	1931-1960	100	69°39'	- 3.5	- 4.0	- 2.7	0.3	4.1	8.8	12.4	11.0	7.2	3.0	- 0.1	- 1.9	2.9	16.4	994
Lyngseidet	1964 f	4/20	69°34'	- 3.6	- 4.3	- 2.4	1.1	4.9	9.4	13.2	11.8	8.0	3.6	0.3	- 2.0	3.3	17.5	628
Skibotn	1948-1960	46	69°23'	- 5.1	- 5.8	- 3.2	0.8	5.4	10.2	14.0	12.2	7.9	2.7	- 1.2	- 3.4	2.9	19.8	343
Kvesmenes-Ryeng	1970 f	40	69°15'	- 5.9	- 6.5	- 3.7	0.6	5.4	10.1	13.9	11.9	7.7	2.4	- 1.6	- 4.1	2.5	20.4	-
Abisko	1931-1960	388	68°20'	-10.5	-11.0	- 7.9	- 3.2	2.0	7.7	12.3	10.3	5.7	0.2	- 4.2	- 7.6	-0.5	23.3	300
Torneträsk[1]	-	393	68°13'	-11.4	-11.8	- 8.6	- 3.0	3.1	9.0	13.1	10.8	5.6	-0.6	- 5.6	- 9.0	-0.7	24.9	470
Kiruna[1]	1931-1960	442	67°49'	-12.7	-12.9	- 9.4	- 3.9	2.3	9.0	12.8	10.5	5.0	-1.6	- 7.0	-10.5	-1.5	25.7	505
Nikkaluokta[1]	1931-1960	470	67°51'	-14.3	-13.7	- 9.5	- 3.7	2.6	8.9	13.1	10.7	5.1	-2.0	- 8.3	-12.3	-2.0	27.4	456
Tarfala	1965-1981	1130	67°55'	-12.0	-10.2	-10.1	- 7.2	-1.8	4.0	7.1	6.0	0.9	-4.8	- 8.3	-10.7	-3.9	19.1	-
Pårtetjåkka	1914/1916	1834	67°09'	-14.4	-13.0	-16.1	-10.8	-8.5	-2.5	5.4	1.2	-4.3	-5.3	-12.0	-16.5	-8.1	21.9	-

b) SÜDNORWEGEN

Station	Periode	m ü.d.M.	Long.	J	F	M	A	M	J	J	A	S	O	N	D	Jahr	Ampl.	N
Takle	1950-1960	39	5°23'	1.1	0.9	2.4	5.2	9.3	12.1	14.8	14.2	11.2	7.7	5.2	2.9	7.2	13.7	2763
Luster San.	1931-1960	484	7°25'	- 4.1	- 4.2	- 1.7	2.0	7.5	11.0	13.5	12.4	8.4	4.0	0.6	- 2.0	4.0	17.7	1200
Fanaråken	1932-1960	2062	7°54'	-12.3	-12.4	-10.4	- 8.2	-3.5	-0.1	2.6	2.1	-1.4	-5.3	- 8.0	-10.3	-5.6	15.0	1221
Elveseter	1936-1960	674	8°17'	- 9.6	- 9.6	- 5.3	0.4	5.7	9.9	12.4	10.7	6.5	1.2	- 3.7	- 6.9	1.0	22.0	470
Dombås	1931-1960	643	9°08'	- 9.0	- 8.1	- 4.2	0.7	6.2	10.2	12.9	11.6	7.2	1.8	- 3.1	- 6.2	1.7	21.9	410
Fokstua	1931-1960	952	9°17'	-10.4	-10.1	- 7.2	- 2.3	3.6	7.8	10.6	9.2	5.0	-0.3	- 4.7	- 7.7	-0.5	21.0	439
Hjerkinn	1891-1914	953	9°35'	- 8.8	- 8.4	- 5.7	- 1.4	3.9	8.2	11.0	10.1	6.3	0.9	- 3.6	- 6.3	0.5	19.8	-
Alvdal	1931-1960	485	10°17'	-11.2	- 9.6	- 4.7	1.1	6.6	11.0	13.7	12.1	7.4	1.7	- 3.7	- 7.6	1.4	24.9	523
Röros	1931-1960	628	11°23'	-11.2	- 9.8	- 6.4	- 0.7	5.0	9.4	12.4	10.9	6.6	1.1	- 3.8	- 7.4	0.5	23.6	480

[1]Temperaturwerte auf Normalperiode reduziert.

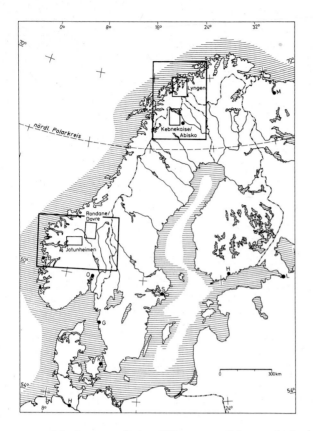

Abb. 1:
Lage der vier Untersuchungsräume (vgl. Abb. 2 und 3)

Fig. 1:
Location of investigation regions

verschieden geprägten Räumen schienen Aufschluß über die Gesetzmäßigkeiten der Permafrostverbreitung bieten zu können. Um lokale Einflüsse als solche zu erkennen, wurde der Hauptteil der Feldarbeiten in zwölf Testgebieten durchgeführt, die sich gleichmäßig auf alle Untersuchungsräume verteilen. Ziel war es, durch Gewinnung lokaler Informationen die klimatische Steuerung der Permafrostverbreitung regional zu erfassen, soweit dies für alpine Gebiete überhaupt möglich ist. Insofern sollen unsere Ergebnisse Richtlinien geben für eine nördliche Region zwischen rund 67.5 $°N$ und 70 $°N$ (Abb. 2), sowie für eine südliche Region zwischen 61 $°N$ und 62.5 $°N$ (vgl. Abb. 1).

1.5 Angewandte Methodik

Gefrorenes Untergrundmaterial wird in der Regel durch eine mehrere Dezimeter bis mehrere Meter mächtige Auftauschicht (active layer) verdeckt, ist also direkt nicht sichtbar. Die Auftauschicht kann allenfalls im Randbereich um perennierende Schneeflecken herum fehlen. Die Oberfläche des Dauerfrostbodens (der Permafrostspiegel) kann unter Umständen auch auf Blockgletschern oder bei frischen Erosionsanrissen direkt beobachtet werden. Von diesen Ausnahmen abgesehen, sind wir für den Nachweis von Permafrostvorkommen auf künstliche Aufschlüsse oder auf geophysikalische Daten angewiesen.

Die Schaffung künstlicher Aufschlüsse ist uns in der Regel, außer z.B. in Torfmooren, nicht möglich. Bauarbeiten sind zudem in Skandinavien, im Gegensatz etwa zu den Alpen (vgl. HAEBERLI, IKEN et al., 1979; KEUSEN et al., 1983) oder den kanadischen Rocky Mountains (SCOTTER, 1975) in den uns interessierenden Höhenlagen noch sehr selten. Für rationelle Nachweise müssen wir uns somit auf indirekte geophysikalische Methoden stützen. Eingesetzt wurden: die Rammsondierung, die Refraktionsseismik (Hammerschlagseismik), die Bodentemperaturmessung in Bohrlöchern, die gleichstromgeoelektrische Sondierung sowie die Messung der Basistemperatur der Schneedecke zu Ende des Winters (BTS-Methode). Die Methoden werden in den Kapiteln 3.3 bis 3.6 einleitend dargestellt. Indirekte Hinweise auf mögliche Permafrostvorkommen geben auch kalte Wandvereisungen, perennierende Schneeflecken, Blockgletscher, sowie niedrige Quellwassertemperaturen (HAEBERLI, 1975b: 43). In manchen Fällen mußten Methoden und Geräte zur Erfassung von Permafrost entwickelt oder übernommene Methoden verbessert werden. Die während der Feldarbeiten in den Jahren 1976 bis 1981 gewonnenen Erfahrungen und neuen methodischen Erkenntnisse sind in KING (1982 und 1983) beschrieben und in Kapitel 7 zusammengefaßt.

Bei den Felduntersuchungen waren im einzelnen folgende Fragen von Interesse:
- Verbreitung von Permafrost in Abhängigkeit von der Lage (Exposition und Hangneigung),
- Abhängigkeit der Permafrostverbreitung von den wichtigsten übrigen Parametern, insbesondere Lufttemperatur und winterliche Schneebedeckung,
- Mächtigkeit der Auftauschicht,
- Permafrosttemperatur und Mächtigkeit des Permafrostkörpers,
- Qualitative Angaben über die Art des Permafrosts, die häufig von genetischem und morphodynamischem Interesse sind (Mächtigkeit von gefrorenem Schutt, Eisgehalt, Auftreten von mächtigen Eislinsen oder Eiskernen).

Im Einzelfall wurde der Schwerpunkt der Untersuchungen auf lokal besonders interessante Punkte gelegt, ohne dabei den uns primär interessierenden regionalen Aspekt zu vergessen.

2. Die Untersuchungsräume

2.1 Lage der Untersuchungsräume in Lappland

Als Einführung in die Geographie der "Nordischen Länder" darf das Sammelwerk von A. SÖMME (Hrsg., 1974) empfohlen werden. Hier zeigen namhafte Geographen die wichtigsten Grundzüge von Geologie, Morphologie, Klima und Vegetation auf (vgl. RUDBERG, 1974; WALLÉN, 1974; HUSTICH, 1974). Für den Untersuchungsraum Kebnekaise/Abisko stehen zudem die Informationen des ATLAS ÖVER SVERIGE (1953-1971) zur Verfügung.[1]

Die beiden Untersuchungsräume Lyngen und Kebnekaise/Abisko sind rund 150 bis 200 km voneinander entfernt (Abb. 2). Tektonisch gehören die im Lyngenfjord-Gebiet vorkommenden Gesteine zu einem Teilbereich des kaledonischen Gebirges, der sich von hier bis in den Raum Trondheim erstreckt. Die Gesteine sind äußerst intensiv verfaltet und durch Metamorphose so verändert worden, daß sich keine einzelnen Deckensysteme mehr rekonstruieren lassen (RUDBERG, 1974: 39). Durch den südlichen Untersuchungsraum Kebnekaise/Abisko verläuft die Hauptüberschiebungslinie der Kaledoniden (unteres Paläozoikum) auf den Baltischen Schild mit seinen vorwiegend archaischen Gesteinen.

---

[1] Für die Karten und Abbildungen dieser Arbeit werden die geographischen Namen aus den offiziellen topographischen Kartenwerken übernommen. Wie in den nordischen Sprachen üblich, wird dabei der bestimmte Artikel mitverwendet und dem Substantiv nachgestellt. Im Text entfällt das norwegische Artikelsuffix überall dort, wo der deutsche Artikel verwendet wird, d.h. bei Gebirgen, Tälern und Gewässern. Es heißt daher:

auf Karten (norwegisch):	im Text (deutsch):
Galdhöpiggen	der Galdhöpigg (-spitze)
Reindalstindan	der Reindalstind (-zinne)
Rörnesfjellet	der Rörnesfjell (-berg, -gebirge)
Veidalen	das Veidal (-tal)
Juvvatnet	der Juvvatn (-seelein)
Marsjöen	der Marsjö (-see)
Ullsfjorden	der Ullsfjord (-fjord)
Högvaglbreen	der Högvaglbre (-gletscher)

Da sich bei Ortsnamen und regionalen Bezeichnungen die norwegische Schreibweise mit bestimmtem Artikel in der deutschen Sprache eingebürgert hat, wird hier der norwegische Artikel beibehalten, so etwa bei Jotunheimen, Lyngseidet (eid = Landenge), Sörlenangen oder Lyngen. In Schwedisch-Lappland stammen viele Bezeichnungen aus dem Finnischen oder sind der Lokalsprache entnommen, wie jåkka (-bach), -vagge (-tal), -tjåkka und -pakte (-berg) oder -jaure und -järvi (-see) etc.

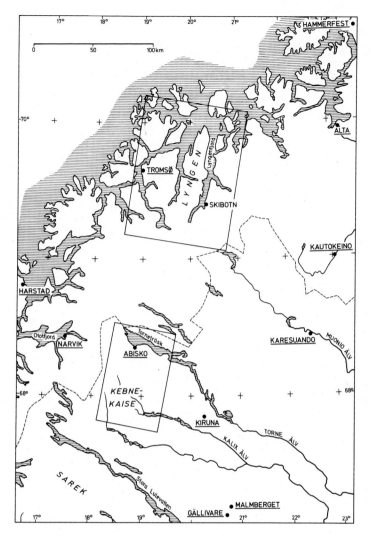

Abb. 2: Karte der Untersuchungsräume in Lappland (vgl. Abb. 4 und Abb. 34)

Fig. 2: Map of investigation regions in Lapland

Wie ganz Lappland sind auch die Untersuchungsräume stark glazial überformt worden. Das von uns bearbeitete Gebiet der Kaledoniden ordnet RUDBERG (1974: 45-47) in der Hauptsache der morphologischen Typenlandschaft "alpines Fjell" zu. Diese zeigt Hochgebirgscharakter mit rezenter Vergletscherung, Karen und alpinen Gipfelformen. Gegen Osten schließt das "allgemeine Fjell" an, das "die für Skandinavien so bezeichnenden gerundeten Berge und Hänge mittlerer Höhe" umfaßt (a.a.O.). Danach folgen, nach einer meist schmalen Vorgebirgszone die "Inselberglandschaften", die sich über ganz Finnisch-Lappland hinweg erstrecken. Im Testgebiet Tarfala (vgl. Abb. 4 und Abb. 8) liegt der Kebnekaise noch in den hochalpin geformten Kaledoniden, während der Raum östlich des Tarfalaglaciären dem "allgemeinen Fjell" zuzuordnen ist. Dagegen darf die gesamte Lyngen-Halbinsel dem "alpinen Fjell" zugerechnet werden.

Klimatisch unterscheiden sich die beiden Untersuchungsräume u.a. durch die verschieden stark ausgeprägte Kontinentalität. Vom N der Halbinsel Lyngen zum Kebnekaise hin vergrößert sich die Differenz zwischen der mittleren Temperatur des kältesten Monats und der des wärmsten Monats von 15 ^{o}C auf 27 ^{o}C (vgl. dazu Abb. in SONESSON, 1969: 483 oder 1980a: 2). Die Niederschläge nehmen von NW gegen SE hin ab, von über 800 mm in Lyngen auf weniger als 400 mm im Gebiet des Torneträsk (SONESSON, 1980a: 2). In den höchsten Gebieten fehlen allerdings Niederschlagsmeßstationen. Die vorhandenen Niederschlagskarten sind entsprechend ungenau (vgl. ØSTREM et al., 1973: 34-35). Da mit zunehmender Höhe infolge Advektion die Niederschläge zunehmen, ist zu erwarten, daß im Gebiet Lyngen das Niederschlagsmaximum sogar über 2000 mm beträgt.

Pflanzengeographisch ordnet HUSTICH (1974) den Untersuchungsraum Lyngen der subarktischen Region zu. Kiefernbestände entlang der Küste der Halbinsel beschränken sich auf vereinzelte Vorkommen an gut entwässerten und günstig gelegenen Stellen. Im übrigen herrscht die Polarbirke vor. Auch der Untersuchungsraum Kebnekaise/Abisko ist der subarktischen Region zuzuordnen. Nur in der SE-Ecke der Abbildung 3 wird die Kieferngrenze ("eigentliche Waldgrenze") und damit das boreale Nadelwaldgebiet erreicht. HUSTICH (1974: 66) sieht die subarktische Region als eine direkte Fortsetzung der nordrussischen Waldtundra (ljesotundra). Bei der Verwendung des Begriffes "Waldgrenze" ist daher zu definieren, ob damit die Grenze lockerer Bestände niedriger Polarbirke ("birch tree limit" nach KARLÉN, 1976: 17f) oder geschlossene Bestände des borealen Nadelwaldes gemeint sind.

Die Abbildungen 4 und 34 lassen das Ausmaß der rezenten Vergletscherung und die relativen Höhenunterschiede erkennen. Die Vergletscherungsgrenze steigt von 1000 m im Norden der Lyngen-Halbinsel auf 1750 m im Kebnekaisegebiet an (ØSTREM et al., 1973: 76-77). Die eiszeitliche Vergletscherung und der Eisrückzug der W an Lyngen anschließenden Gebiete behandeln MÖLLER & SOLLID (1972), der E davon liegenden Gebiete SOLLID et al. (1973). Für Schwedisch-Lappland finden sich in KARLÉN (1973, 1976) und KÜTTEL (1984) Hinweise auf weitere Arbeiten zur holozänen Gletscher- und Klimageschichte. Die postglaziale isostatische Hebung ist entlang des gesamten Küstengebietes an markanten Terrassen zu erkennen. Sie beträgt 50 bis 70 m in Lyngen, wahrscheinlich über das Doppelte im Kebnekaise-Gebiet (vgl. auch Beiträge in MÖRNER, ed., 1980: 250-354).

2.2 Lage der Untersuchungsräume in Süd-Norwegen

Unsere Untersuchungsräume Jotunheimen und Dovre/Rondane liegen zwischen 61 °N und 62.5 °N im Bereich der Kaledoniden (Abb. 3). Große Überschiebungen sind insbesondere für Jotunheimen kennzeichnend, wo die vorhandenen Deckensysteme glazial stark überformt worden sind. Das Gebiet Jotunheimen wird dadurch zum Musterbeispiel der morphologischen Typenlandschaft "alpines Fjell" mit zahlreichen Kar- und Talgletschern.

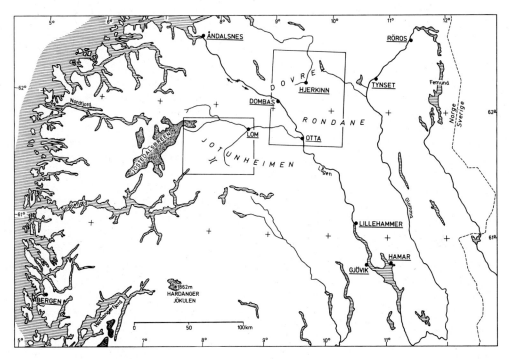

Abb. 3: Karte der Untersuchungsräume in Süd-Norwegen (vgl. Abb. 40 und Abb. 52)

Fig. 3: Map of investigation regions in Southern Norway

In Dovre/Rondane herrschen Mittelgebirgsformen stärker vor, und wir befinden uns im Gebiet des "allgemeinen Fjell" (RUDBERG, 1974). Über die sedimenterfüllten, meist breiten Täler mit Drumlins und weiträumigen Kameslandschaften erheben sich überschliffene Hügelzüge. Nur im zentralen Bereich von Rondane treten viele, heute unvergletscherte Kare auf. Einzig hier finden sich daher auch steile Feldwände und Felstürme (tindan) in großer Zahl. Vom Dovrefjell wurde nur der flachere Ostteil nördlich des Rondane-Gebietes in die Arbeit miteinbezogen (vgl. Abb.) 52).

Nicht untersucht wurden Gebiete westlich des Sognefjell, einerseits aus logistischen Gründen, andererseits, da im Bereich des Jostedalsbre bzw. W davon die Schneegrenze stark absinkt und vielleicht unter die Permafrostgrenze zu liegen kommt.

Klimatisch ist wiederum ein E- W-Gegensatz zu registrieren. An der W-Küste Norwegens sind alle Monatsmitteltemperaturen der Luft im positiven Bereich, und die positiven Januarmittel greifen entlang des Sognefjord weit landeinwärts. Östlich vom Dovrefjell-Gebiet finden wir andererseits im Januar eine mittlere Lufttemperatur von -11.6 $^{\circ}$C (Station Alvdal). Demgegenüber betragen die mittleren Julitemperaturen sowohl in den westlichen Teilen Jotunheimens bis in die östlichen Teile des Dovrefjell gleichbleibend etwa $13^{\circ} \pm 1\ ^{\circ}$C auf etwa 600 m ü. d. M. (Werte aus NORSK METEOROLOGISK ÅRBOK). Die Waldgrenze steigt von W gegen E entlang dem Sognefjord von 400 auf 800 m ü. d. M. an, erreicht beim Sognefjell 1150 m und sinkt E des Rondane-Gebietes auf unter 1000 m ab. Dieser Verlauf kann nicht dem der mittleren Julitemperatur entsprechen. Die Höhe der Waldgrenze wird offensichtlich durch die Strahlung während der Vegetationszeit bestimmt und durch hohe Niederschläge westlich des Sognefjell stark gedrückt. Sie entspricht dann einer mittleren Julitemperatur von $+13^{\circ}$ bis $+14\ ^{\circ}$C. In unseren Untersuchungsräumen liegt sie in der Höhe der 9.5°-Juliisotherme im Sognefjell-Gebiet bzw. der 11°-Isotherme in Dovre/Rondane.

Die jährliche Niederschlagssumme ist, wie für Hochgebirge typisch, lokal sehr unterschiedlich und kann westlich unseres Untersuchungsraumes innerhalb kurzer Distanzen zwischen über 4000 mm und unter 1000 mm schwanken. Im Untersuchungsraum selbst dürfte sie von Jotunheimen gegen Rondane zu von mehr als 1500 mm auf weniger als 500 mm sinken (ØSTREM et al., 1969: 13). Mit abnehmenden Niederschlägen steigt von W nach E auch die Vergletscherungsgrenze an, von 1200 m im W auf 2200 m im E (ØSTREM et al., 1969: 33).
Die großräumigen Klimaunterschiede in Norwegen werden von WISHMAN (1966) beschrieben. Eine Karte der Kontinentalität in Fennoskandien findet sich bei WALLÉN (1974: 57). Zusammenfassend kann festgestellt werden, daß unsere Untersuchungsräume Jotunheimen und Dovre/Rondane zwar klimatisch verschieden geprägt sind, in beiden Räumen ist das Klima jedoch mäßig kontinental; ein starker maritimer Einfluß ist erst westlich des Sognefjell vorhanden.

Über Jotunheimen und Dovre/Rondane liegen zahlreiche morphologische und gletschergeschichtliche Untersuchungen vor. Eine quartärgeologische Übersichtskarte von HOLMSEN (1982) gibt einen ersten Überblick der Verbreitung von Fels und größeren Schuttmassen. Morphologische Karten mit

detailliert verzeichnetem periglazialen Formenschatz liefern SOLLID &
SÖRBEL (1979b), SOLLID & CARLSON (1980) und SOLLID et al. (1980).
Gletschergeschichtliche Arbeiten werden von Geographen aus Oslo (vgl.
SOLLID & SÖRBEL, 1979a), in neuester Zeit aber auch von englischen
Geowissenschaftlern intensiv vorangetrieben (vgl. Literaturangaben in
MATTHEWS & PETCH (1982). Die morphologischen Kartierungen und die
bei gletschergeschichtlichen Arbeiten geschaffenen Aufschlüsse sind auch
für die Interpretation unserer Ergebnisse von Bedeutung.

3. Der Untersuchungsraum Kebnekaise/Abisko

3.1 Die Testgebiete

Der Untersuchungsraum Kebnekaise/Abisko liegt in rund 68 °N Breite
und umfaßt den E-Rand der Kaledoniden zwischen dem Ladtjovagge im
Süden und dem Torneträsk im Norden (vgl. Abb. 4). Feldarbeiten wurden
in folgenden Testgebieten durchgeführt: Tarfala, Ladtjovagge (Nikkaluokta)
und Torneträsk (Abisko/Stordalen).

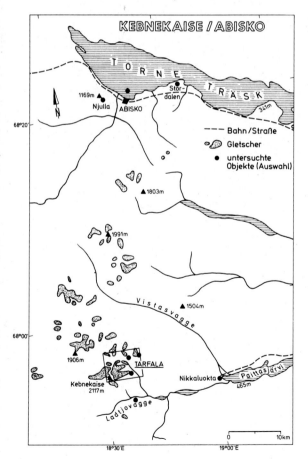

Abb. 4:
Der Untersuchungsraum
Kebnekaise/Abisko (vgl.
Abb. 8)

Fig. 4:
Map of investigation
region Kebnekaise/
Abisko

Als Haupttestgebiet wurde das rund 70 km westlich von Kiruna gelegene Tarfalatal ausgewählt. Es ist logistisch gut erschlossen dank der Forschungsstation Tarfala des Geographischen Instituts der Universität Stockholm. Die von ihr erhobenen klimatologischen und glaziologischen Datenreihen der letzten 35 Jahre sind für die Interpretation unserer geomorphologischen und geophysikalischen Arbeiten von großem Wert. Die mittlere jährliche Lufttemperatur der auf 1130 m ü.d.M. gelegenen Forschungsstation beträgt -4.1 °C (vgl. Tab. 2), die Niederschläge im Stationsbereich dürften zwischen 950 und 1100 mm liegen (HYDROLOGICAL DATA-Norden, 1976). Das Untersuchungsgebiet stellt morphologisch einen Talkessel dar, der stark durch die Gletscher des Kebnekaise-Massivs geprägt worden ist (Abb. 5). Er wird auf allen Seiten von Karen begrenzt (vgl. Karte von MELANDER, 1975).
Auf der N- und W-Seite erreichen die stark vergletscherten Steilwände Höhen zwischen 1900 und über 2100 m ü.d.M. Nur in der SE-Ecke führt der zwischen 1200 und 1100 m ü.d.M. liegende Talboden über eine enge, steile Schlucht zum rund 600 m tiefer liegenden Ladtjovagge. Die Birkenwaldgrenze liegt dort in 600 bis 700 m ü.d.M.

Glaziologisch wird das Gebiet schon seit dem Jahre 1947 intensiv bearbeitet und vom Storgläciären (Abb. 6) existiert die längste Massenbilanzreihe der Welt (vgl. SCHYTT, 1947, 1959, 1968, u.a.). Ganzjährige klimatologische Meßreihen reichen bis in das Jahr 1965 zurück (HYDROLOGICAL DATA - NORDEN, 1976). KARLÉN (1973, 1975) bearbeitet die neuere Gletschergeschichte, und RAPP (1974) beschreibt Massenbewegungen im Tarfalatal. Allgemeinere glazialmorphologische oder periglazialmorphologische Arbeiten fehlen jedoch, sieht man von der morphologischen Karte von MELANDER (1975) im Maßstab 1 : 250 000 ab. Im Unterschied zu den N und E anschließenden Tälern scheinen Schuttaufbereitung und Schutttransport im Tarfalavagge aus tektonischen und petrographischen Gründen heute vergleichsweise gering zu sein (vgl. MARKGREN, 1964: 75f.). Aktive Schutthalden sind entsprechend selten (vgl. Karte von MELANDER, 1975; RAPP, 1974, Figs. 6-9).

Abb. 5: Luftaufnahme des Kebnekaise-Gebietes mit Kebnekaise (2097 und 2117 m), Storglaciären (Sto.), Björlingsglaciären (Bjö.), Isfallsglaciären (Isf.) und Tarfalasjön (Tar., 1168 m ü.d.M.). Gut zu erkennen sind die gefrorenen Moränenschuttmassen dieser drei Gletscher (Pfeile).
Reproduktion mit Bew. vom 13.4.1984; Aufn. nr. 29I 6984301: 02-03 vom 14.9.1969, 09.25 Uhr.

Fig. 5: Aerial photo: Kebnekaise and Tarfalavagge

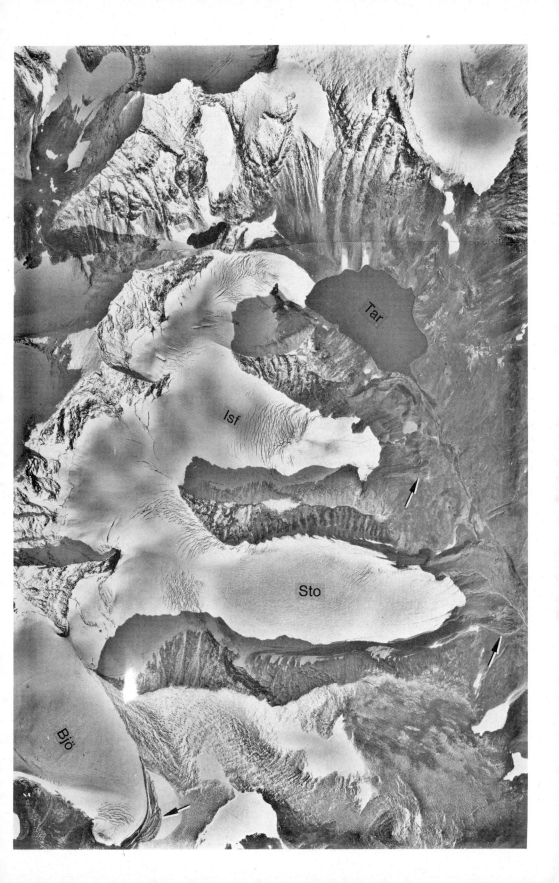

Tab. 2: Monats- und Jahresmittel der Lufttemperatur in Tarfala (in °C)
Table 2: Mean air temperatures (Tarfala)

JAHR	JAN	FEB	MAR	APR	MAI	JUN	JUL	AUG	SEP	OKT	NOV	DEZ	MAAT
1960		-10.7	-14.4	-5.2	-2.5	1.8	5.5	4.5					
1961		-12.9		2.8	2.8	3.3	8.6	6.0					
1962	-12.9			-7.1	-0.9	3.3	5.4	4.5					
1963			-5.8	-0.9		1.4	6.0	7.0	-0.2	-3.8			
1964	-11.1	-10.2	-11.7	5.7	-3.9	3.3	5.1	4.9	1.9	-0.5	-8.9	-9.6	-4.6
1965	-11.8	-11.1	-11.7	-10.1	-3.1	5.6	7.1	5.6	-1.8	-2.4	-10.6	-14.2	-5.9
1966	-13.7	-10.2	-10.1	5.1	-0.5	2.5	5.9	6.8	3.7	-7.0	6.8	-13.1	-3.4
1967	-13.4	-18.7	-13.2	-10.1	-3.1	3.7	5.2	4.5	0.4	-4.7	-4.7	-14.1	-4.6
1968	-15.2	-9.5	-7.3	5.1	-3.5	4.7	7.0	9.5	0.8	-9.2	5.5	-6.7	-4.0
1969	-11.8	-12.5	-10.1	5.4	-4.6	4.7	5.2	4.5	0.4	-2.6	-10.6	-10.3	-4.0
1970	-11.6	-14.1	-9.5	-7.3	-1.3	7.4	7.6	6.9	1.2	-3.0	-10.5	-8.2	-3.9
1971	-11.5	-15.4	-10.5	9.5	-2.6	3.9	5.8	6.0	1.3	-3.7	9.8	-10.3	-4.5
1972	-8.1	-13.6	-13.2	8.6	-1.3	6.7	9.5	6.7	0.9	-3.2	8.6	-8.1	-2.1
1973	-8.4	-8.0	8.5	7.2	-2.3	3.4	9.5	4.1	-0.7	-6.9	9.7	-12.5	-4.3
1974	-9.0	-11.6	-7.9	8.5	0.9	4.5	7.0	6.2	3.0	-6.2	9.5	-9.1	-2.9
1975	-10.7	-9.8	-7.3	3.9	-0.9	0.9	4.6	4.4	1.2	-3.0	5.6	-9.5	-3.6
1976	-14.1	-7.6	-7.6	7.6	-1.2	2.7	6.4	6.7	-1.3	-5.9	7.9	-11.0	-4.1
1977	-14.2	-7.8	-9.8	-10.1	0.6	1.7	6.1	6.0	-0.2	-3.6	7.3	-11.2	-4.7
1978	-12.9	-8.9	-8.9	7.6	-3.0	4.4	7.8	4.9	-0.4	-5.4	6.9	-9.5	-4.8
1979	-13.1	-11.6	-8.9	-1.4	4.8	8.4	6.3	-0.4	-5.4	9.5	-13.5	-4.1
1980	-12.2	-10.9	-2.2	4.8	9.6	7.0	0.6	-4.9	9.3	-10.3	-4.8
1981	-12.0	-9.7	-11.3	4.7	-0.7	7.4	9.6	6.3	2.4	-5.4	9.3	-11.5	-3.2
1982	-12.6	-10.2	-13.6	5.9	1.1	1.1	7.3	7.0	3.7	-4.4	9.0	-14.8	-4.5
65-81	-12.0	-10.2	-9.3	6.5	-2.0	-0.1	6.3	5.3	1.6	-4.4	8.3	-10.7	-4.1

Mit freundlicher Erlaubnis von V. SCHYTT (Forschungsstation Tarfala)

Abb. 6: Blick vom Testhang zum gegenüberliegenden Kebnekaise-Massiv mit den höchsten Punkten Schwedens, dem Nord- und Südgipfel des Kebnekaise (rund 2100 m ü. d. M.). Vom Kebnekaise fallen die Karrückwände steil zum Storglaciären ab. Aufnahme vom August 1977.

Fig. 6: Kebnekaise and Storglaciären seen from the test slope.

Um auch Gebiete unter 1100 m ü. d. M. und andere Expositionen in unsere Arbeiten miteinbeziehen zu können, wurden Anschlußmessungen im Winter in den Testgebieten Ladtjovagge (Nikkaluokta) und Torneträsk (Abisko/Stordalen) durchgeführt. In beiden Gebieten sind Wetterstationen vorhanden. In Abisko liegt zudem die naturwissenschaftliche Forschungsstation der schwedischen königlichen Wissenschaftsakademie. Von den hier existierenden über 1600 Publikationen über das Torneträsk-Gebiet sind ca. 80 % allerdings biologischen Inhalts (SONESSON, 1980a). Eine ausgezeichnete Einführung in die physische Geographie des Raumes Torneträsk - Narvik gibt RAPP (1960: 81-96).

3.2 Durchgeführte Arbeiten

Das Testgebiet Tarfala stellt das zentrale Untersuchungsgebiet der vorliegenden Arbeit dar. Die meisten Untersuchungsmethoden wurden hier vor dem Einsatz in anderen Gebieten ausgiebig getestet.

Im Sommer 1976 konnten 50 hammerschlagseismische Profile geschlagen werden, die zeigten, daß Permafrost generell in den dem Wind ausgesetzten Schuttrücken vorkommt (KING, 1976). Im Sommer 1977 gelang es uns, an 12 Bodentemperaturmeßstellen insgesamt 56 Temperaturfühler einzubringen, die bis zum Spätsommer 1980 in regelmäßigen Abständen abgelesen werden konnten. Aus logistischen Gründen (Ablesungen auch durch Hilfspersonal der Station) mußten die Meßstellen auf den Talboden und den E der Forschungsstation liegenden Hang begrenzt werden (Abb. 7). Gleichzeitig wurde eine größere Zahl dieser und anderer Stellen seismisch untersucht. Im Sommer 1979 folgten zehn geoelektrische Sondierungen im Talbodenbereich, auf den Ice-Cored Moraines des Storglaciären und Tarfalaglaciären, sowie auf Gletschereis. Im März 1980 konnten die bislang erhaltenen Ergebnisse durch flächenhafte Kartierungen der Schneebasistemperatur vervollständigt und auf noch nicht untersuchte Gebiete übertragen werden. Insgesamt gelang es, 172 BTS-Werte zu messen, dies naturgemäß nur in schneebedeckten Gebieten: Leeseiten von Hängen, Mulden und im Talboden. Der größere Teil des Testgebietes zeigte sich praktisch schneefrei. Im Spätsommer 1980 wurden die vergrabenen Thermistoren, soweit möglich, ausgegraben, und in Heidelberg zur Bestimmung einer allfällig vorhandenen Drift nachgeeicht (vgl. Kap. 7).

Abb. 7: Tarfalavagge, Tarfalatjåkka und Testhang am 01.09.1980.

Fig. 7: Tarfalavagge and test slope at the end of summer 1980.

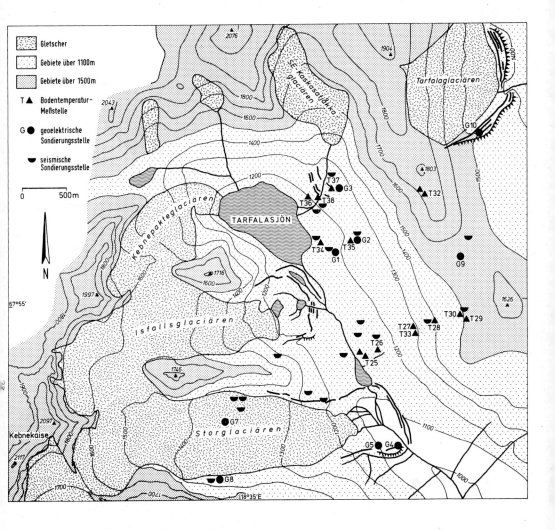

Abb. 8: Höhenschichtenkarte des Testgebietes Tarfala mit Lage der Temperaturmeßstellen und der geoelektrischen Sondierungsstellen. Grundlage: NE-Hälfte aus Fjällkartan 1: 100 000, No. Bd6; übriges Gebiet nach SCHYTT (ed., 1973)

Fig. 8: Location map of test sites T and G (Tarfala)

Im Ladtjovagge und am Torneträsk konzentrierten sich die Arbeiten auf BTS-Messungen (vgl. Kapitel 3.7 und 3.8).

3.3 Bodentemperaturmessungen im Gebiet Tarfala

3.3.1 Zur Interpretation der Ergebnisse

Die Lage der Temperaturmeßstellen zeigt Abb. 8. Die Ablesungen während der rund vierjährigen Meßkampagne sind in Tabelle 4 aufgelistet und, soweit zeichnerisch möglich, in den Abb. 11 bis Abb. 16 als Temperatur-/Tiefen-Diagramme dargestellt. Bei der Interpretation der Ergebnisse ist zu beachten, daß zwischen den einzelnen Ablesungen unterschiedlich lange Zeiträume liegen: Zum Zeitpunkt der höchsten Bodentemperaturen im Spätsommer sowie der tiefsten Temperaturen im Spätwinter wurde besonders häufig abgelesen. In den beiden ersten Meßjahren sind rund 5 bis 7 Ablesungen pro Jahr durchgeführt worden (Abb. 9), in den Jahren 1979 und 1980 teilweise nur noch je eine Ablesung im Spätwinter bzw. Spätsommer. Weiter ist zu berücksichtigen, daß der Kurvenverlauf in den obersten 50 cm stark durch die vorhergegangene Witterungsperiode geprägt ist, in größeren Tiefen hingegen selbst durch mehrtägige Kälteeinbrüche kaum mehr wesentlich beeinflußt wird (z.B. Ablesung vom 7.9.1977 bei T35).

In den Abb. 11 bis 16 ergibt, falls Permafrost vorkommt, der Schnittpunkt der Temperaturkurve im Spätsommer eines Jahres mit der $0\,^{\circ}$C-Linie die minimale Auftautiefe des betreffenden Jahres. Die Größe der so bestimmten Auftautiefe ist wohl für jedes Jahr und bei jeder Meßstelle unterschiedlich genau; da jedoch im Spätsommer nach Möglichkeit mehrfach abgelesen wurde (z.B. am 2.8. und 6.9.1978, am 20.8. und 3.9.1979) oder gar die Spätsommerablesung nach dem endgültigen Kälteeinbruch stattfand (z.B. 6.9.1977, 30./31.8.1980), liegt die so bestimmte Auftautiefe größenordnungsmäßig sicher richtig. Die höchsten Bodentemperaturwerte eines mehrjährigen Meßzeitraumes sind zugleich ein Maß für die mögliche Höhe der Temperaturen, die an dieser Meßstelle in einem warmen Sommer vorkommen können.

Ablesungen während des Spätwinters liegen aus logistischen Gründen weniger häufig vor. Ihre Zahl genügt aber in der Regel, um die im Winter vorkommenden Bodentemperaturen größenordnungsmäßig abschätzen zu können: In den Diagrammen ergibt die Verbindungslinie der tiefsten, im gesamten Meßzeitraum registrierten Werte entsprechende Angaben für mögliche Bodentemperaturen in einem relativ kalten, schneearmen Winter, der Schnittpunkt dieser Verbindungslinie mit der $0\,^{\circ}$C-Linie, falls kein Permafrost vorkommt, die Frosteindringtiefe (Abb. 10). Diese wird an keiner Meßstelle erreicht. Sie beträgt nach einer Abschätzung mittels der Formel von TERZAGHI (1952 in BARSCH, 1977) etwa 3.5 m. Von größerer Bedeutung ist die Möglichkeit, aus den Grenzlinien der höchsten

Tab. 3: Meßstellen für Bodentemperatur

Table 3: Location of ground temperature probes

Nr.	Ort	m.ü.M.	Zahl d. Thermistoren	größte Tiefe in cm
T-25	Tarfala-Station[1]	1130	5	225
T-26	Tarfalavagge "1200"	1182	6	230
T-27	Tarfalavagge "1300"	1275	2	135
T-28	Tarfalavagge "1400"	1402	5	160
T-29	Tarfalavagge "1500"	1495	4	110
T-30	Tarfalavagge "1480"	1480	5	150
T-31	Tarfalatjåkka[1]	1725	1	95
T-32	wie T-31[1]	1723	3	120
T-33	wie T-27[1]	1275	7	180
T-34	Tarfalastugan	1160	3	105
T-35	Punkt Enqvist	1280	4	140
T-36	Punkt Tarfalasjön	1172	5	170
T-37	G III	1295	2	105
T-38	perenn. Schneefeld[2]	1250	2	185
T-39	wie T-25[3]	1130	3	50

[1] Meßstelle im Herbst 1979 aufgehoben, Thermistoren zur Nacheichung zurückgenommen

[2] Meßstelle wurde im Winter 1977/78 zerstört

[3] Werte bei Forschungsstation Tarfala, ganzjährig geschrieben, täglich zwei Werte

Tab. 4: Bodentemperaturen in Tarfala (in °C)

Table 4: Soil temperatures (Tarfala)

a) Meßstelle T25 ("Forsgren")

	0 cm	50 cm	75 cm	150 cm	225 cm
17.08.1977	+13.9	+5.8	+3.9	+2.6	+2.2
06.09.1977	+ 1.2	+1.8	+1.9	+2.1	+2.0
18.12.1977	- 1.8	-1.0	-0.8	-0.5	+0.1
21.03.1978	- 3.1	-2.4	-2.1	-1.1	-0.2
01.06.1978	- 0.2	-0.8	-1.2	-1.0	-0.4
11.07.1978	+ 8.6	+4.4	+3.1	+2.4	+2.8
02.08.1978	+ 8.8	+5.3	+4.5	+3.5	+3.1
06.09.1978	+ 6.4	+3.3	+2.5	+2.2	+2.6
01.01.1979	- 4.3	-2.2	-1.6	-	+0.3
15.04.1979	- 2.8	-2.7	-2.6	-2.0	-0.8

b) Meßstelle T26 ("Tarfalavagge 1200")

	15 cm	40 cm	55 cm	115 cm	165 cm	230 cm
17.08.1977	+ 9.0	+10.7	+ 7.8	+ 4.6	+2.5	+0.5
06.09.1977	- 0.6	+ 1.7	+ 2.1	+ 3.4	+2.8	+0.7
18.12.1977	- 6.0	- 9.7	- 8.9	- 4.6	-1.2	-0.7
21.03.1978	+11.4	-11.5	-11.1	- 8.4	-6.4	-5.2
30.05.1978	- 1.6	- 0.3	- 0.7	- 2.5	-3.0	-3.3
11.07.1978	+ 4.4	+ 9.6	+ 7.4	+ 3.4	+1.2	-0.3
21.07.1978	+ 3.5	+ 7.4	+ 5.1	+ 2.5	+1.0	-0.2
02.08.1978	+ 6.3	+ 9.4	+ 8.4	+ 4.8	+2.1	+0.3
06.09.1978	+ 2.9	+ 4.0	+ 4.1	+ 3.3	+2.3	+0.5
01.01.1979	- 9.7	-10.4	-11.4	-10.1	-6.7	-4.3
18.08.1979	+ 8.7	+10.2	+ 8.4	+ 4.9	+2.5	+0.5
03.09.1979	+ 1.8	+ 2.1	+ 2.7	+ 2.6	+1.7	+0.5
06.03.1980	-10.3	-11.8	-12.0	- 9.8	-7.5	-5.4
30.08.1980	+ 4.7	+ 4.9	+ 5.0	+ 4.6	+3.3	+1.3

c) Meßstelle T28 ("Tarfalavagge 1400")

	50 cm	90 cm	120 cm	140 cm	160 cm
17.08.1977	+ 5.1	+ 2.8	+0.9	-0.1	-0.7
06.09.1977	- 0.5	0.0	-0.1	-0.8	-0.9
21.03.1978	-13.4	-11.0	-9.8	-9.0	-8.4
03.04.1978	-	-	-7.0	-7.4	-8.2
01.06.1978	-	-	-1.8	-2.1	-2.3
11.07.1978	+ 4.2	- 0.1	-0.7	-0.7	-0.6
21.07.1978	+ 2.2	+ 0.6	-0.2	-0.5	-0.5
02.08.1978	+ 5.2	+ 3.4	+1.5	0.0	-0.1
04.01.1979	-	-	-9.4	-8.2	-5.7
09.05.1979	-	-	-4.3	-5.0	-5.1
14.06.1979	-	-	-1.5	-2.5	-4.5
17.07.1979	+ 4.7	+ 0.4	-0.5	-1.1	-1.4
20.08.1979	+ 3.7	+ 2.6	+1.1	+0.5	+0.3
06.03.1980	-	- 8.7	-9.6	-8.6	-7.9
30.08.1980	-	+ 3.0	+2.9	+2.7	+1.8

d) Meßstelle T29 ("Tarfalavagge 1500")

	40 cm	70 cm	90 cm	110 cm
17.08.1977	+ 4.0	+ 2.4	+ 1.3	+ 0.4
06.09.1977	+ 2.7	+ 0.7	+ 1.3	+ 2.2
21.03.1978	-10.7	-11.2	-10.3	- 9.5
01.06.1978	- 1.5	- 2.6	- 3.9	- 3.4
02.07.1978	-	- 0.7	- 2.2	-
20.08.1979	+ 5.1	+ 4.8	+ 3.5	+ 2.1
03.09.1979	+ 0.1	-	+ 0.6	+ 0.9
06.03.1980	- 9.7	-10.0	-10.1	-10.2
30.08.1980	+ 0.7	-	+ 2.3	+ 1.4

e) Meßstelle T30 ("Tarfalavagge 1480")

	50 cm	80 cm	110 cm	130 cm	150 cm
17.08.1977	+ 5.5	+ 3.1	+1.6	+1.0	+0.7
06.09.1977	- 0.5	- 0.4	+0.2	+0.7	+1.0
21.03.1978	-10.6	-10.4	-9.8	-8.8	-8.1
01.06.1978	- 0.8	- 1.3	-2.1	-2.6	-2.8
11.07.1978	+ 4.9	+ 2.2	+0.6	+0.4	+0.4
21.07.1978	+ 1.5	+ 0.9	+0.4	+0.2	+0.1
02.08.1978	+ 5.7	+ 3.4	+1.1	+1.2	+0.9
04.01.1979	-10.2	-10.3	-9.4	-9.2	-8.8
15.04.1979	- 7.0	- 8.1	-7.0	-6.7	-6.6
09.05.1979	- 4.3	- 5.5	-5.2	-5.0	-4.5
14.06.1979	- 0.1	- 1.4	-1.8	-1.9	-2.0
17.07.1979	+ 5.8	+ 2.4	+0.8	+0.3	+0.1
20.08.1979	+ 7.2	+ 3.7	+1.2	+0.6	+0.3
03.09.1979	+ 0.3	+ 0.7	+0.7	+0.6	+0.3
06.03.1980	- 8.6	- 9.1	-8.7	-8.1	-7.6
30.08.1980	+ 2.0	+ 2.1	+2.0	+1.6	+1.1

f) Meßstelle T32 ("Tarfalatjåkka")

	45 cm	75 cm	95 cm	120 cm
17.08.1977	+ 3.4	+ 0.8	- 0.5	- 1.2
06.09.1977	- 1.1	- 1.3	- 1.5	- 1.7
21.03.1978	-14.4	-15.9	-14.2	-12.6
18.08.1979	+ 3.8	+ 1.4	+ 0.2	- 0.8
06.09.1979	- 2.3	+ 2.2	+ 0.4	- 0.9

g) Meßstelle T33 ("Tarfalavagge 1300")

	5 cm	45 cm	85 cm	115 cm	140 cm	160 cm	180 cm
17.08.1977	+12.6	+5.7	+4.3	+2.6	+1.6	+1.1	+0.9
06.09.1977	+ 0.9	+0.3	-0.2	-0.1	+0.3	+0.5	+0.7
18.12.1977	- 5.5	-3.3	-2.5	-0.6	+0.1	+0.4	+0.6
01.06.1978	- 0.3	-1.7	-1.5	-1.8	-1.6	-1.3	-0.9
11.07.1978	-	+5.2	+2.8	+0.5	+0.4	+0.2	+0.2
21.07.1978	-	+3.3	+1.8	+0.9	+0.5	+1.0	+1.2
02.08.1978	+ 4.1	+4.6	+3.9	+3.0	+2.0	+1.5	+1.2
06.09.1978	-	-3.8	+0.3	+0.2	+0.1	0.0	-0.1
04.01.1979	-	-8.5	-7.1	-6.3	-5.1	-3.9	-3.1
15.04.1979	-	-5.9	-5.8	-6.0	-5.8	-5.5	-5.2
09.05.1979	-	-4.2	-4.2	-4.2	-4.2	-4.4	-4.5
14.06.1979	-	-1.1	-1.1	-1.0	-0.9	-0.9	-0.8
17.07.1979	-	+6.1	+3.6	+2.4	+1.4	+0.8	+0.3
18.08.1979	+15.3	+5.5	+3.8	+2.9	+1.9	+1.2	+0.5
03.09.1979	-	-0.2	+0.3	+0.7	+0.9	+0.8	+0.8
06.03.1980	-	-7.5	-7.5	-7.3	-6.3	-6.3	-5.8
30.08.1980	-	+1.6	+1.6	+1.6	+1.6	+1.5	+1.1

h) Meßstelle T34 ("Tarfalastugan")

	55 cm	85 cm	105 cm
17.08.1977	+3.6	+1.1	+0.7
07.09.1977	+0.6	+0.7	+0.5
18.12.1977	-1.0	-0.8	-0.6
21.03.1978	-1.3	-1.0	-0.9
30.05.1978	-0.4	-0.6	-0.5
10.07.1978	+0.1	-0.6	-0.5
01.01.1979	-0.7	-0.7	-0.8
14.06.1979	-0.2	-0.3	-0.4
17.07.1979	+4.7	-0.2	-0.3
03.09.1979	+3.2	+3.3	+3.2
31.08.1980	+5.6	+5.0	+4.8

i) Meßstelle T35 ("Enqvist")

	50 cm	90 cm	120 cm	140 cm
17.08.1977	+4.4	+2.1	+1.5	+1.5
07.09.1977	+0.2	-0.2	+2.4	+3.0
18.12.1977	-1.1	-0.5	-0.3	-0.1
21.03.1978	-5.7	-5.0	-4.5	-4.4
30.05.1978	-0.2	-1.0	-2.1	-2.7
04.07.1978	+1.3	-0.3	-1.0	-1.3
10.07.1978	+3.2	+0.8	-0.8	-1.1
01.01.1979	-4.3	-1.9	-0.9	-1.0
15.04.1979	-4.7	-4.4	-4.9	-4.8
14.06.1979	-0.8	-1.2	-1.5	-1.7
17.07.1979	+1.7	+0.4	-0.5	-1.0
03.09.1979	+1.1	+1.8	+0.9	+0.6
06.03.1980	-8.5	-6.9	-6.0	-5.8
31.08.1980	-	+2.2	+2.7	+2.8

k) Meßstelle T36 ("Tarfalasjön")

	40 cm	80 cm	120 cm	150 cm	170 cm
07.09.1977	+0.1	+0.1	0.0	+0.1	+0.1
18.12.1977	-1.2	-0.3	0.0	0.0	0.0
10.07.1978	-0.5	-0.1	0.0	0.0	0.0
17.07.1979	-0.1	+0.2	+0.3	+0.4	+0.6
03.09.1979	-0.8	+0.5	+0.6	+0.8	+0.9
31.08.1980	+1.1	+1.5	+1.7	+1.6	+1.3

l) Meßstelle T37 ("Kaskasatjåkkaglaciären")

	65 cm	105 cm
17.08.1977	+7.8	+4.5
07.09.1977	+1.2	+0.5
18.12.1977	-4.4	-4.1
21.03.1978	-7.5	-7.1
30.05.1978	-0.6	-1.5
10.07.1978	+5.6	+3.3
01.01.1979	-8.3	-7.5
15.04.1979	-4.8	-5.0
14.06.1979	+0.5	-0.3
17.07.1979	+6.2	+3.6
03.09.1979	+2.4	+3.0
06.03.1980	-7.8	-6.1

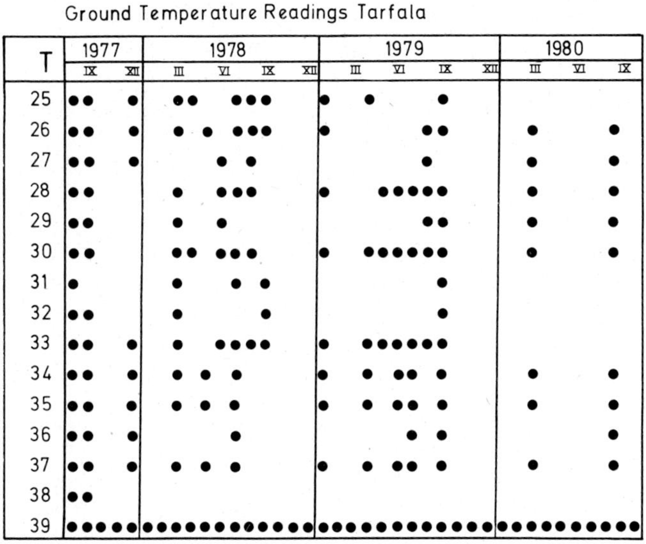

Ground Temperature Readings Tarfala

T	1977		1978				1979				1980		
	IX	XII	III	VI	IX	XII	III	VI	IX	XII	III	VI	IX
25	••	•	••	•••			•	•		•			
26	••	•	•	•	•••			••			•		•
27	••	•		••	•						•		•
28	••	•	•	•••			•	•••••			•		•
29	••		•	•				••			•		•
30	••	•	•	•••			•	••••••			•		•
31	•		•	•				•					
32	••		•					•					
33	••	•	•	•	••••			••••••					
34	••	•	•	•	•		•	•	•••		•		•
35	••	•	•	•	•		•	•••			•		•
36	••	•		•				•	•				•
37	••	•	•	•	•		•	••	•		•		•
38	••												
39	••••••••••••••••••••						••••••••••••••••••				••••••••••		

Abb. 9: Ablesezeitpunkte der Bodentemperaturfühler. Ein Punkt bedeutet, daß mindestens eine Ablesung pro Monat durchgeführt worden ist. T39 wurde täglich vor der Station Tarfala registriert.

Fig. 9: Reading frequency of temperature probes (Tarfala)

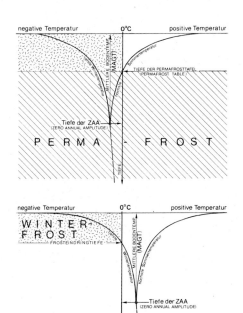

Abb. 10:
Schematische Darstellung wichtiger Begriffe bei Standorten mit bzw. ohne Dauerfrostboden (vgl. dazu Text)

Fig. 10:
Important definitions

bzw. tiefsten Bodentemperaturen (vgl. Diagramme T26 und T30) die mittleren Bodentemperaturen zu bestimmen. Die an den tiefsten Meßfühlern so erhaltene Mitteltemperatur ist auf den Diagrammen eingetragen (in Abb. 11 bis Abb. 16). Sie ergibt einen Wert, der größenordnungsmäßig der mittleren jährlichen Bodentemperatur in der Tiefe der "Zero Annual Amplitude" (ZAA) entsprechen dürfte (vgl. Kap. 1.1). Er wird im folgenden "mittlere jährliche Bodentemperatur" (MAGT = Mean Annual Ground Temperature) genannt, wobei wir uns bewußt bleiben, daß bei seiner Ermittlung Meßlücken auftreten, die Meßdauer stark beschränkt ist und zudem bei einzelnen Meßpunkten eine unterschiedliche Wertebasis vorhanden ist. Kommt Permafrost vor, so entspricht die MAGT der "Permafrosttemperatur" (Abb. 10).

3.3.2 Permafrostvorkommen und Auftautiefen

Nur bei der Bodentemperaturmeßstelle T32 (Abb. 13) wird der Permafrostkörper durch Temperaturfühler in allen Meßjahren direkt erfaßt. Bei T28 (Abb. 12) ist während der ersten beiden Jahre die Auftautiefe geringer als die Tiefe der untersten Fühler. Während bei T32 die maximale Auftautiefe mit rund einem Meter im Meßzeitraum etwa konstant bleibt, schwankt diese bei T28 zwischen über 1.4 und etwa 2.3 m.

An vier weiteren Meßstellen (T26, T30, T33 und T36) erreicht die höchste Bodentemperatur am untersten Fühler nur rund 1 $^{\circ}$C. In den ersten drei Fällen läßt sich die maximale Auftautiefe durch Extrapolation der Spätsommerkurve etwa abschätzen: Ihr Schnittpunkt mit der 0 $^{\circ}$C-Linie liegt bei T26 und T30 mit 2.7 m bzw. 2.0 m rund 50 cm unter dem untersten Fühler (Abb. 11 und 13). Vor einer linearen Extrapolation sei aber ausdrücklich gewarnt, da diese zu einer Unterschätzung der Mächtigkeit der Auftauschicht führen muß.

T33 läßt die Auftautiefe infolge des schleifenden Schnittpunktes mit etwa 2.4 bis 3.0 m weniger präzis erkennen (Abb. 14). Bei T36 ist nicht sicher, ob Permafrost vorkommt. Infolge der hohen Schneemächtigkeit von über 3 m wurde unsere Meßstelle hier mehrmals durch Schneedruck zerstört und winterliche Ablesungen fehlen daher. Die tiefsten winterlichen Bodentemperaturen sind durch Vergleich mit der Stelle T34 geschätzt (vgl. unten).

Auch an Bodentemperaturmeßstellen mit höheren Sommerwerten und einer großen Amplitude am untersten Fühler (T29, T30, T25) sind Aussagen hinsichtlich Permafrost möglich. Bei T29 belegt eine mittlere Bodentemperatur von -4 $^{\circ}$C das Vorkommen von Dauerfrostboden, dies obwohl am untersten Fühler +2.2 $^{\circ}$C erreicht werden. Die Auftautiefe dürfte bei etwa 2 m liegen. Ähnliches gilt für die benachbarte Stelle T30. Hingegen weist T25 infolge einer positiven MAGT mit Sicherheit keinen Permafrost auf (Abb. 11).

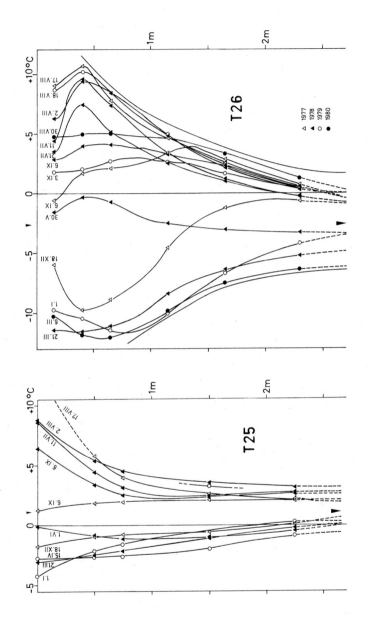

Abb. 11: Bodentemperaturen T 25 und T 26 (Tarfala)
Fig. 11: Soil temperatures T 25 and T 26 (Tarfala)

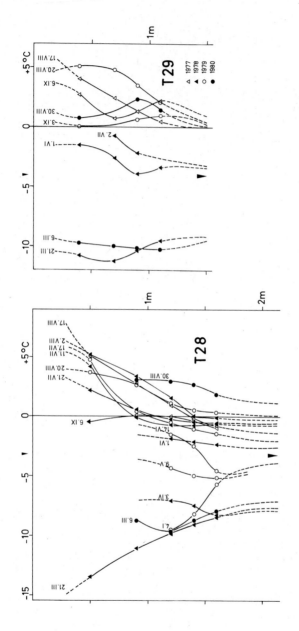

Abb. 12: Bodentemperaturen T 28 und T 29 (Tarfala)
Fig. 12: Soil temperatures T 28 and T 29 (Tarfala)

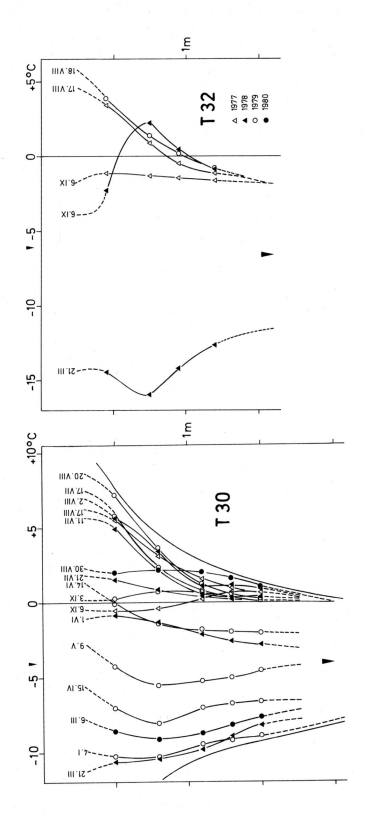

Abb. 13: Bodentemperaturen T 30 und T 32 (Tarfala)
Fig. 13: Soil temperatures T 30 and T 32 (Tarfala)

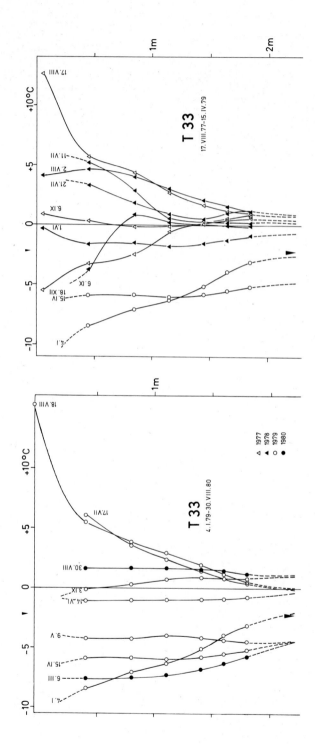

Abb. 14: Bodentemperaturen T 33 (Tarfala)
Fig. 14: Soil temperatures T 33 (Tarfala)

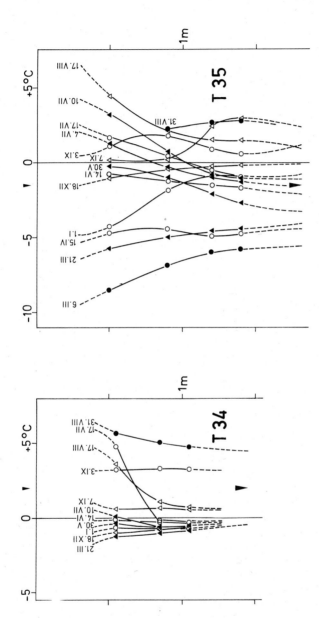

Abb. 15: Bodentemperaturen T 34 und T 35 (Tarfala)
Fig. 15: Soil temperatures T 34 and T 35 (Tarfala)

Die Meßwerte von T34, T35 und T37 sind hingegen schwieriger zu deuten (Abb. 15 und 16). Bei T35 und T37 erschwert uns infolge der fehlenden winterlichen Schneedecke die große Jahresamplitude sichere Aussagen. Falls Permafrost vorkommt, eine negative MAGT deutet darauf hin, dürfte die Auftautiefe bei T37 in über 2.5 m, bei T35 vielleicht in 4 m Tiefe liegen. Sichere Aussagen ermöglichen hier erst geoelektrische und seismische Sondierungen.

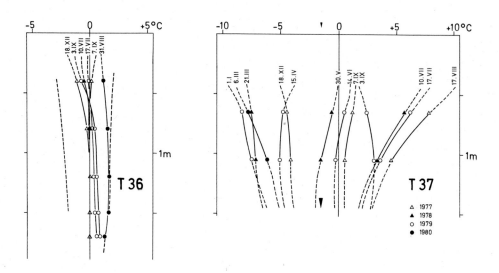

Abb. 16: Bodentemperaturdiagramme der Meßstellen T36 und T37

Fig. 16: Soil temperatures T36 and T37 (Tarfala)

Bei der Meßstelle T34 konnten von Jahr zu Jahr große Unterschiede bei der maximalen Auftautiefe registriert werden. Im August 1977 wurde bei mehreren Rammversuchen an benachbarten Stellen eine Auftautiefe von rund 95 cm festgestellt. An der Meßstelle T34 selbst dürfte die Auftautiefe hingegen etwa 1.5 m erreichen. Die Temperaturkurve vom 10. Juli 1978 zeigt eine Auftautiefe von rund 60 cm, leider fehlen Ablesungen im Spätsommer 1978. In den Jahren 1979 und 1980 zeigt der unterste Fühler (105 cm Tiefe) Temperaturen bis zu +4.8 °C, was auf einen mächtigen Auftauhorizont hinweist. Grabungen in den Jahren vor 1977 sollen in der Umgebung der Meßstelle T34 mehrfach auf oberflächennahen Frostboden gestoßen sein (mündl. Mitt. STIG JONSSON, Tarfala), doch waren die Zeitpunkte der Grabungen nicht zu rekonstruieren. Auffallend sind die markanten Steinringe, die im Sommer die Umgebung der Meßstelle bedecken. Die Verflachung um T34 wird regelmäßig schon im Frühwinter mit Schnee bedeckt und die Schneemächtigkeit beträgt Ende des Winters

100 bis 160 cm. Es scheint daher, daß hier nach einem kühlen Sommer geringmächtiger Permafrost angetroffen werden kann, nach einem warmen Sommer hingegen kein aktiver Permafrost vorkommt. Seismische und geoelektrische Sondierungen werden dies noch bestätigen (vgl. unten).

3.3.3 Die jährliche Amplitude der Bodentemperaturen

Die Diagramme T26 und T30 sind mit zwei Begrenzungslinien versehen worden, welche entlang der äußersten Punkte des gesamten Meßzeitraumes führen. Diese umfassen die in einer gewissen Tiefe zu erwartende jährliche Temperaturamplitude, deren Größe primär von der zeitlichen Ausbildung und dem Grad der winterlichen Schneebedeckung über der Meßstelle abhängig ist. Die Schneedecke begrenzt den Wärmefluß im Boden sowohl im Winter (Verhinderung der Auskühlung) als auch im Sommer (Verzögerung der sommerlichen Erwärmung). Eine große Zahl weiterer Faktoren wirkt sich auf den Wärmehaushalt des Untergrundes aus, wie z.B. Korngrößenzusammensetzung und der davon stark abhängige Feuchtigkeitsgehalt, Wärmeleitfähigkeit, Durchlüftung, Exposition, Vegetationsbedeckung etc. Da aber nach Möglichkeit auch vom Material her vergleichbare Standorte für die Anlage der Meßstellen gewählt und auch Lagen mit unkontrollierbarem Wärmetransport durch Grundwasser bewußt vermieden wurden, treten gegenüber dem Einfluß der winterlichen Schneedecke die übrigen Faktoren in den Hintergrund.

Stellen mit einer Schneebedeckung von über 100 bis 150 cm zum Ende des Winters, die zudem in der Regel erst Ende Juni ausapern, zeigen eine Jahresamplitude bis zu 15 $^{\circ}$C in 50 cm Tiefe und von höchstens 5 $^{\circ}$C in 150 cm Tiefe. Windexponierte Stellen ohne Schneebedeckung lassen in 50 cm Tiefe eine Jahresamplitude von rund 25 $^{\circ}$C erkennen, und selbst in 150 cm Tiefe beträgt diese oft noch über 10 $^{\circ}$C. Die Mächtigkeit der Schneebedeckung für die einzelnen Standorte Ende des Winters (März/April) zeigt Tabelle 5.

Für die Bestimmung der Auftautiefe und der MAGT ist es wichtig, die Meßfühler zum Zeitpunkt der tiefsten bzw. höchsten Bodentemperaturen abzulesen. Während die höchsten Lufttemperaturen in Tarfala etwa Mitte Juli gemessen werden, sind die höchsten Bodentemperaturen erst vier bis sechs Wochen später zu registrieren. Eine entsprechende Verzögerung findet auch im Spätwinter statt. Diese Erscheinung ist schon von BESKOW (1947) theoretisch gefaßt worden (S. 109 f.) und wird in Abb. 17 schematisch nochmals dargestellt. Es ist danach theoretisch möglich, daß die höchsten Bodentemperaturen in größerer Tiefe mitten im Winter gemessen werden (vgl. auch KERTZ, 1969: 184, Fig. 6a). Die dort vorkommende Temperaturamplitude dürfte aber geringer sein als unsere Meßgenauigkeit von 0.1 $^{\circ}$C. Einige Beispiele aus dem Jahre 1979 mögen den Grad der Verzögerung illustrieren (vgl. dazu Tabelle 4).

Tab. 5: Jährliche Temperaturamplitude in 50 cm und 150 cm Tiefe, mittlere jährliche Bodentemperatur (MAGT) und Schneebedeckung Ende Winter.

Table 5: Amplitude of soil temperature and snow thickness (Tarfala)

Nr.	Amplitude (^{o}C) 50 cm	150 cm	MAGT (^{o}C)	Schneehöhe (cm)
T25	15	5	+1.5	(120-) 145
T26	28	12	-1.9	10 - 20
T28	25	11	-3.2	0 (-5)
T29	18	11	-3.9	0 (-5)
T30	28	11	-4.0	0 (-15)
T32	23	10	-5.6	0 - 15
T33	25	8	-2.2	20 - 85
T34	8	4	≥0	110 - 150
T35	14	9	-1.6	0 - 35
T36	3	2	≥0	100 - >200
T37	17	8	-1.7	0 (-20)
T39	-	-	≥0	100 - 180

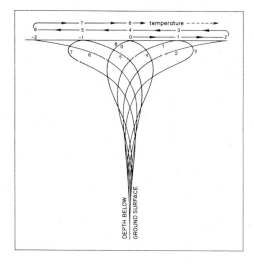

Abb. 17:
Schematische Darstellung zyklischer Bodentemperaturschwankungen (nach BESKOW, 1937)

Fig. 17:
Cyclical soil temperature variations (model)

Die Lufttemperaturen erreichen in der zweiten Julihälfte 1979 die höchsten Werte und sinken Anfang August auf Werte zwischen 0 ^{o}C und +5 ^{o}C. Bei den Meßstellen T28 (1.6 m Tiefe), T29 (1.1 m) und T32 (1.2 m) wird die höchste Temperatur am 18.8. bzw. am 20.8. erreicht, bei T33 (1.8 m) und T35 (1.4 m) erst am 3. September. T26 (2.3 m) und T30 (1.5 m) geben Ende August und Anfang September denselben Temperaturwert. T26, T29, T30, T33 und T37 zeigen Anfang September 1979, also gleichzeitig mit hohen Bodentemperaturen in der Tiefe, an den obersten Fühlern schon ein starkes Absinken der Temperaturen. Im Rahmen unserer Meßgenauigkeit zeigt sich daher, daß in Tiefen zwischen 1.5 und 2.5 m die höchste Bodentemperatur in der Regel erst Anfang September oder sogar später zu erwarten ist, zu einem Zeitpunkt also, an dem die mittleren Lufttemperaturen schon wieder nahe beim Gefrierpunkt liegen (Monatsmittel für September = $+1.1\,°C$, mittl. tägl. Min. = $-1.1\,°C$, mittl. abs. Min. = $-7.5\,°C$; aus HYDROLOGICAL DATA - NORDEN, 1976).

Auch im Winter ist, falls mehrere Ablesungen vorhanden sind, eine entsprechende zeitliche Verzögerung der Abkühlung in unseren Diagrammen festzustellen. So ist bei T33 in 1.8 m Tiefe am 4. Januar 1979 die Temperatur noch um $2.1\,°C$ höher als Mitte April oder um $1.4\,°C$ höher als selbst noch am 9. Mai, obwohl in 45 cm Tiefe die Januartemperatur mit $-8.5\,°C$ um $4.2\,°C$ tiefer liegt als im Mai (vgl. dazu die mittleren Lufttemperaturen auf Tab. 2). An schneearmen Stellen dürfte daher die tiefste Bodentemperatur in Tiefen ab 1.5 m noch Mitte März anzutreffen sein, an schneereichen Stellen noch später. Unsere halbjährigen Temperaturablesungen Anfang September und Mitte März erfassen somit größenordnungsmäßig die Temperaturamplitude eines Jahres. In mehreren Temperatur-Tiefendiagrammen zeigt der Spätwinter 1980 die tiefsten, der Sommer 1980 die höchsten Bodentemperaturen. Dies ist durch die geringmächtige Schneedecke im Winter 1979/80, deren raschem Wegschmelzen, sowie die relativ warme Witterung im Sommer bedingt.

Ein Verfolgen der Temperaturwelle in größere Tiefe wäre zwar interessant, ist aber im Rahmen unserer Themenstellung von sekundärer Bedeutung und mit unserem Zahlenmaterial nicht durchführbar. Erwähnenswert ist in diesem Zusammenhang eine Messung von B. HOLMGREN (Uppsala), der in einem Permafrostkörper in 1.77 m Tiefe bei seinen regelmäßigen Messungen zwischen dem 8. September und 27. November 1978 ein kontinuierliches Ansteigen der Temperatur um $0.08\,°C$ feststellte (Auftautiefe rund 1.35 m). Eine benachbarte, permafrostfreie Stelle zeigte im gleichen Zeitraum in ähnlicher Tiefe einen kontinuierlichen Temperaturabfall um $-2.93\,°C$ (von $+3.30\,°C$ auf $+0.37\,°C$). Eine gemeinsame Auswertung unserer Messungen ist beabsichtigt (HOLMGREN & KING, in Vorb.).

3.3.4 Die Permafrostmächtigkeit

Die jährliche Amplitude der Bodentemperatur nimmt mit der Tiefe stark ab, bis sie in der Tiefe der ZAA nicht mehr meßbar ist (ZAA = Zero Annual Amplitude, vgl. dazu LINNELL & TEDROW, 1981). Die Bodentemperatur bleibt dort stabil, solange sich die MAAT und der Wärmefluß vom Erdinnern her nicht ändern. In der Praxis dürfte dies nur schwer nachzuprüfen sein, da kurzfristige Klimaänderungen und damit Änderungen der MAAT die jährliche Temperaturamplitude überlagern.
Eine ganzjährig konstante Bodentemperatur ist nach TERZAGHI (1953 in WASHBURN, 1979) erst in etwa 10 bis 15 m Tiefe zu erwarten, die ZAA kann aber durchaus noch tiefer liegen. COOK (1958) beschreibt, daß in

Resolute Bay (N.W.T., Kanada) in einem 17.6 m tiefen Bohrloch die Jahresschwankung noch 0.4 °C beträgt und die ZAA in über 18 m Tiefe liegen muß (vgl. auch BROWN, 1972: 117 f. und dort angeführte Literatur). Die mittlere Jahresamplitude der monatlichen Lufttemperaturen ist in Resolute Bay mit 36.5 °C allerdings deutlich größer als in Tarfala mit 19.1 °C.

Kennen wir die Bodentemperatur in der Tiefe der ZAA und den geothermischen Tiefengradienten, so läßt sich daraus die Permafrostmächtigkeit errechnen. Beide Werte sind im Untersuchungsgebiet zwar nicht bekannt, aber größenordnungsmäßig zu schätzen.

In einer ersten (und bestmöglichen) Näherung sei die von uns geschätzte MAGT der Bodentemperatur der ZAA gleichgesetzt und ein geothermischer Gradient von 4 °C/100 m angenommen. Die damit errechneten Permafrostmächtigkeiten zeigt Tabelle 6. Da es sich dabei nur um eine größenordnungsmäßige Abschätzung handeln kann, wurden die Mächtigkeit der Auftauschicht und die Tiefe der ZAA dabei nicht berücksichtigt, der Tabellenwert ist daher eher zu gering.

Tab. 6: Permafrostvorkommen, Auftautiefen der Meßpunkte und geschätzte Permafrostmächtigkeit geordnet nach Meereshöhen.

Table 6: Permafrost and active layer (Tarfala)

m ü.d.M.	Nr.	Permafrost?	MAGT	Auftautiefe	Permafrostmächtigkeit
1130	T25	-	+1.5 °	-	-
1160	T34	relikt?	≥0 °	über 400 cm?	?
1172	T36	relikt	≥0 °	400 cm	?
1182	T26	aktiv	-1.9 °	270 cm	48 m
1230	T35	fraglich	-1.6 °	über 400 cm	40 m
1265	T37	wahrscheinlich	-1.7 °	über 250 cm	43 m
1275	T33	aktiv	-2.2 °	240-300 cm	55 m
1402	T28	aktiv	-3.2 °	140-200 cm	80 m
1490	Tg[1]	aktiv	-4.0 °	165 cm	100 m
1495	T30	aktiv	-4.0 °	200 cm	100 m
1505	T29	aktiv	-3.9 °	rund 200 cm	98 m
1725	T32	aktiv	-5.6 °	rund 95 cm	140 m

Die erhaltenen Permafrostmächtigkeiten zeigen, daß Dauerfrost in weitaus stärkerem Ausmaß vorkommt, als bisher angenommen worden ist.

Die Genauigkeit dieser Schätzung sei kurz diskutiert: Der verwendete geothermische Gradient dürfte mit 4 °C/100 m eher an der oberen Grenze liegen, werden doch in der Literatur Mittelwerte zwischen 2 ° und 4 °C/100 m genannt, in speziellen Fällen gar zwischen 1 ° und 5 °C/100 m (vgl.

[1]Tarfalaglaciären (Moräne) nach ØSTREM, 1965, Fig. 22

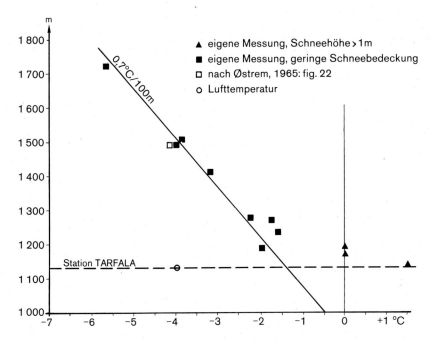

Abb. 18: Die mittleren Bodentemperaturen in Abhängigkeit von der Höhe ü. d. M., Testgebiet Tarfala

Fig. 18: Mean temperatures (test slope Tarfala)

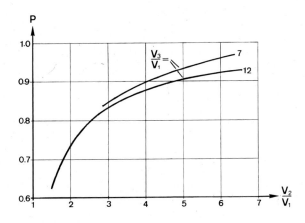

Abb. 19: "P" als Funktion der seismischen Geschwindigkeiten (nach MOONEY, 1977)

Fig. 19: "P" as function of seismic velocity

Tab. 7: Wichtigste Angaben zu den Seismikprofilen im Kebnekaise-Gebiet: Profilnummer, Ort, Höhe ü. d. M., Länge der Auslage (in m), Scheingeschwindigkeiten v_1, v_2, v_3 (in m/sec.), Ordinate der Knickpunkte x_{c1}, x_{c2} im Laufzeitendiagramm und die daraus berechneten Tiefen d_1 und d_2 (in m).

Table 7: Data of seismic soundings (Kebnekaise area)

Nr.	Ort	m ü. d. M.	Auslage	v_1	x_{c1}	v_2	x_{c2}	v_3	d_1	d_2
61	Tarfala ("Meteo")	1125	39,7	400	2,2	900	16,4	2700	0,7	6,4
62	Tarfala ("Meteo")		29,6	400	6,1	1500	22,5	3600	2,3	9,2
63	Tarfala (Blockfeld)	1125	42,6	680	10,6	1800	29,7	4500	3,6	12,8
64	Tarfala (Blockfeld)		42,6	660	10,2	1840	27,6	4500	3,5	11,9
65	Tarfala ("Moräne")	1140	39,7	400	4,0	2000	16,0	4500	1,6	6,4
66	Tarfala ("Moräne)		35,7	580	6,0	2200	12,8	3500	2,3	5,0
67	Tarfalahang ("Top")	1590	41,2	440	2,5	3400	28,3	4800	1,1	6,8
68	Tarfalahang ("Top")		37,4	440	3,1	3600	19,2	5000	1,4	5,0
69	Tarfalahang (T29)	1505	24,2	380	1,6	3400			0,7	
70	Tarfalahang (T29)		23,3	380	2,4	3900			1,1	
71	Tarfalahang (ob. Hellmann)	1375	19,4	380	3,4	3500			1,5	
72	Tarfalahang (ob. Hellmann)		19,4	380	3,7	3200			1,6	
73	Tarfalahang (unt. Hellmann)	1270	17,3	330	2,4	2400			1,0	
74	Tarfalahang (unt. Hellmann)		17,3	240	2,1	2600			1,0	
75	Tarfalahang (T25)	1175	35,0	480	5,2	2000	26,2	4400	2,0	9,8
76	Tarfalahang (T25)		27,0	360	3,3	2000	25,0	4600	1,4	9,0
77	Moräne Storglaciären	1235	29,0	420	3,6	2900			1,6	
78	Moräne Storglaciären		27,8	420	4,7	3200			2,1	
79	Storglaciären ("slush")	1300	14,0	3500						
80	Storglaciären ("slush")		30,0	1950						
81	Storglaciären (Eis)	1350	50,0	3700						
82	Storglaciären (Eis)		50,0	3700						
81'	Storglaciären (Eis)	1350	32,0	2000						
82'	Storglaciären (Eis)		50,0	1950						
83	linke Seitenmoräne Storgl.	1390	16,5	400	1,6	2700			0,7	
84	linke Seitenmoräne Storgl.		14,7	400	1,9	3000			0,8	
85	Storglaciären ("slush")	1320	50,0	3600						
86	Storglaciären ("slush")		50,0	3600						
87	"Södra Klippberget" (Fels)	1280	12,5	2900						
88	"Södra Klippberget" (Fels)		12,5	2200						
89	Polygonfeld "Tarfalakåtan"	1160	44,6	720	16,2	2500	33,0	4900	6,0	14,5?
90	Polygonfeld "Tarfalakåtan"		35,5	380	7,2	2700			3,1	
91	Tarfalasjön	1155	39,3	1550	9,9	2000			1,8	
92	Tarfalasjön		39,3	1650	11,0	1950			1,6	
93	Moräne Kaskasatjåkkaglac. (T37)	1190	35,1	480	5,4	2100	23,0	2800	2,1	6,2
94	Moräne Kaskasatjåkkaglac. (T37)		26,2	460	5,3	2300			2,2	
95	Bei T38 ("Kaskasajokk")	1172	41,2	600	2,6	3700			1,1	
96	Bei T38 ("Kaskasajokk")		41,0	1500	8,8	3400			2,7	
97	"Norra Klippberget"	1160	38,7	350	1,9	2000			0,8	
98	"Norra Klippberget"		28,1	310	3,3	3400			1,5	
99	Bei T35 ("Enqvist")	1220	40,6	680	8,6	3700			3,6	
100	Bei T35 ("Enqvist")		41,4	420	4,6	3500			2,0	
101	Bei T37 (Schuttrücken)	1245	16,2	460	4,2	3500			1,8	
102	Bei T37 (Schuttrücken)		21,8	460	5,3	1000	8,8	4800	1,6	4,9
103	Bei T38 (Schneefeld)	1220	27,0	720	3,7	1640			1,2	
104	Bei T38 (Schneefeld)		27,0	740	9,0	2500			3,3	
111	Tarfala		34,0	450	3,0	2100	16,4	4000	1,2	5,6
112	Tarfala		31,7	500	3,8	2000	12,0	4740	1,5	5,1
113	Tarfala		37,0	450	4,2	4000			1,9	
114	Tarfala		32,2	500	4,8	6000			2,2	

z. B. BROWN, 1972: 119; LACHENBRUCH et al., 1969). Die errechnete Permafrostmächtigkeit könnte daher mit einer gewissen Wahrscheinlichkeit auch doppelt so groß sein. Andererseits wissen wir, daß die mittleren Lufttemperaturen in den 50er Jahren auch im Norden Fennoskandiens gegenüber unserem Meßzeitraum 1977/81 um etwa 1 ^{o}C höher gewesen sind. Diese Temperaturänderungen dürften sich aber kaum bis zur Permafrostbasis durchgesetzt haben (vgl. LACHENBRUCH et al., 1969, Fig. 2; CERMAK, 1978: 815).

Dagegen ist vielmehr zu erwarten, daß die Klimadepression der kleinen Eiszeit mit einer Temperaturerniedrigung von rund 3 ^{o}C gegenüber heute in größerer Tiefe noch feststellbar ist. Für die Permafrostmächtigkeit in unserem Gebiet bedeutet dies, daß hier auch Reliktpermafrost in größerem Ausmaß (z.B. 50 bis 100 m mächtig) vorkommen könnte (vgl. EMBLETON & KING, 1975: 33 oder TRICART, 1967: 90-99 und Lit. a.a.O.). Dies wäre durch Einrichtung eines tieferen Bohrloches an einer thermisch möglichst ungestörten Stelle festzustellen (vgl. auch Messungen von HARRIS & BROWN, 1978). Trotz all dieser Unsicherheiten geben die angegebenen Schätzwerte für die Permafrostmächtigkeit eine erste Größenordnung. Der Betrag dürfte eher einen Mindestwert darstellen.

3.4 Hammerschlagseismische Arbeiten im Gebiet Tarfala

3.4.1 Zur Interpretation der Ergebnisse

Die Lage aller hammerschlagseismisch untersuchten Stellen ist der Abb. 20 zu entnehmen. Die erhaltenen Meßwerte wurden in Laufzeitendiagramme eingetragen, mit deren Hilfe dann die Geschwindigkeiten bestimmt werden konnten. Bei nicht schichtparallelen Fällen werden Scheingeschwindigkeiten erhalten. Da die Interpretation von der Zahl und der Verteilung der Einzelwerte abhängig ist und neben den hier konstruierten Geschwindigkeitskurven jeweils leicht abweichende Modelle denkbar sind, werden dieser Arbeit ausgewählte Laufzeitendiagramme als Anhang beigegeben. Die wichtigsten Angaben für die durchgeführten Messungen sind in Tabelle 7 zusammengestellt. Aus den angegebenen Scheingeschwindigkeiten v und den Knickpunkten x_c wurde mit Hilfe der folgenden Formeln für jedes Profil die Tiefen d der Refraktoren bestimmt:

$$d_1 = \frac{x_{c1}}{2} \times \sqrt{\frac{v_2 - v_1}{v_2 + v_1}} \qquad \text{(nach MOONEY, 1977)}$$

Die Tiefe des zweiten Refraktors kann durch die folgende Formel berechnet werden:

$$d_2 = p \cdot d_1 + \frac{x_{c2}}{2} \times \sqrt{\frac{v_3 - v_2}{v_3 + v_2}}$$

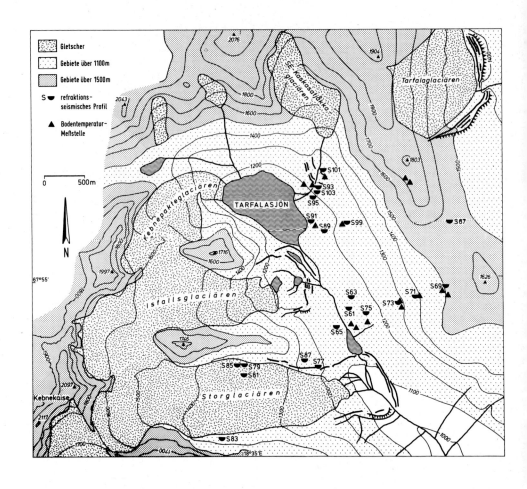

Abb. 20: Höhenschichtenkarte des Testgebietes Tarfala mit Lage der seismischen Sondierungsstellen (vgl. Abb. 8)

Fig. 20: Map of seismic sounding sites (Tarfala)

wobei $\quad p = 1 - \dfrac{\dfrac{v_2}{v_1} \times \sqrt{\left(\dfrac{v_3}{v_1}\right)^2 - 1} - \dfrac{v_3}{v_1} \times \sqrt{\left(\dfrac{v_2}{v_1}\right)^2 - 1}}{\sqrt{\left(\dfrac{v_3}{v_1}\right)^2 - \left(\dfrac{v_2}{v_1}\right)^2}} \quad$ ist.

Die Abhängigkeit des Wertes p von den Geschwindigkeiten zeigt Abb. 19.
Da bei einem Dreischichtenfall (trockener Grobschutt, feuchter Feinschutt,
Permafrost) das Geschwindigkeitsverhältnis v_3/v_1 in der Regel zwischen
7 und 12 liegt, das Verhältnis v_2/v_1 zwischen 2.5 und 4.5, empfiehlt sich
die Verwendung der Näherungsformel

$$d_2 = 0.85 \cdot d_1 + \dfrac{x_{c2}}{2} \times \sqrt{\dfrac{v_3 - v_2}{v_3 + v_2}}$$

Die so errechneten Refraktortiefen sind, auf 10 cm gerundet, ebenfalls in
Tabelle 7 aufgeführt.

Aus den Scheingeschwindigkeiten lassen sich die wahren Geschwindigkeiten der Refraktoren errechnen. In erster Näherung ist z.B. v_2 gleich dem
arithmetischen Mittel aus den Scheingeschwindigkeiten v_{2a} und v_{2b} der beiden gegenläufigen Profile.
Weichen v_{2a} und v_{2b} um weniger als einen Faktor 2 voneinander ab, so
bleibt der durch die Verwendung der Näherungsformel entstehende Fehler
unter 10 % (MOONEY, 1977). Bei unseren Geschwindigkeiten ist der durch
Mittelung entstehende Fehler noch wesentlich kleiner und liegt meistens unter der erreichbaren Meßgenauigkeit. Die Mittelwerte v und d der gegenläufigen Profile sind in Tabelle 8 dargestellt. Die mittlere Tiefe dürfte in
der Regel im Bereich der Auslagemitte anzutreffen sein.

Tab. 8: Mittelwerte der Geschwindigkeiten und Knickpunkte (vgl. Tab. 7) und daraus berechnete
Tiefen der Refraktoren. Geschwindigkeit in m/sec., $\bar{x}_c$ und Tiefe $\bar{d}$ in m.

Table 8: Mean seismic velocities and depths.

Nr.	Ort	$\bar{v}_1$	$\bar{x}_{c1}$	$\bar{v}_2$	$\bar{x}_{c2}$	$\bar{v}_3$	$\bar{d}_1$	$\bar{d}_2$
61/62	Tarfala ("Meteo")	400	4,15	1200	19,35	3150	1,5	7,7
63/64	Tarfala (Blockfeld)	670	10,40	1820	28,65	4500	3,5	12,3
65/66	Tarfala ("Moräne")	490	5,00	2100	14,40	4000	2,0	5,7
67/68	Tarfalahang ("Top")	440	2,80	3500	23,75	4900	1,2	5,9
69/70	Tarfalahang (T29)	380	2,00	3650			0,9	
71/72	Tarfalahang (ob. Hellmann)	380	3,55	3350			1,6	
73/74	Tarfalahang (unt. Hellmann)	285	2,25	2500			1,0	
75/76	Tarfalahang (T25)	420	4,25	2000	25,60	4500	1,7	9,4
77/78	Moräne Storglaciären	420	4,15	3050			1,8	
79/80	Storglaciären ("slush")	2725						
81/82	Storglaciären (Eis)	3700						
81'/82'	Storglaciären (Eis)	1975						
83/84	linke Seitenmoräne Storglaciären	400	1,75	2850			0,8	
85/86	Storglaciären ("slush")	3600						
87/88	"Södra Klippberget" (Fels)	2550						
89/90	Polygonfeld "Tarfalastugan"	550	11,70	2600			4,7	
91/92	Tarfalasjön	1600	10,45	1975			1,7	
93/94	Moräne Kaskasatjåkkaglac. (T37)	470	5,35	2150			2,1	
95/96	Bei T38 ("Kaskasajokk")	1050	5,70	3550			2,1	
97/98	"Norra Klippberget"	330	2,60	2700			1,2	
99/100	Bei T35 ("Enqvist")	550	6,60	3650			2,8	
103/104	Bei T38 (Schneefeld)	730	6,35	2070			2,2	
111/112	Tarfala	475	3,40	2050	14,20	4370	1,3	5,4
113/114	Tarfala	475	4,50	5000			2,1	

Da die methodischen Schwierigkeiten und Erfahrungen in Kapitel 7 besprochen werden, soll hier nur erwähnt werden, daß es aus physikalischen Gründen nicht möglich ist, unter einer seismisch schnellen Schicht eine seismisch langsame zu erfassen. Die Permafrostuntergrenze kann also hammerschlagseismisch nicht bestimmt werden. Ebenso wichtig ist, daß bei einem Dreischichtenfall eine Zwischenschicht mit einer mittleren Geschwindigkeit eine Mindestmächtigkeit besitzen muß, um als Schicht erkannt zu werden (MOONEY, 1977, Kap. 9.5). In der Praxis heißt dies z.B., daß unter einer zwei Meter mächtigen Auftauschicht eine rund ein bis drei Meter mächtige, gefrorene Sedimentschicht refraktionsseismisch nicht in Erscheinung tritt, wenn sie auf Granitfels aufliegt, wohl aber erfaßt werden kann, wenn sie über ungefrorenem Sediment vorkommt. Auf entsprechende Interpretationsschwierigkeiten wird an den dafür in Frage kommenden Beispielen eingegangen.

3.4.2 Die Geschwindigkeit von Primärwellen

Das regelmäßige Auftreten von Permafrost in windexponierten Schuttmassen konnten wir schon 1976 während der ersten Feldsaison im Tarfalavagge hammerschlagseismisch nachweisen. Es wurden dabei folgende Geschwindigkeiten für p-Wellen erhalten:
300 bis 650 m/s für trockenen Grobschutt,
1100 bis 1300 m/s für stark durchfeuchtetes Feinmaterial,
3000 bis 3500 m/s für Permafrost in Grobschutt und
über 4500 m/s für Fels (KING, 1976: 199).
Bei den im Jahre 1976 mehrfach erhaltenen Geschwindigkeiten um 2100 m/s wurde zwar das Vorkommen von wassergesättigtem Schutt nicht ausgeschlossen, aber auch die Existenz von Permafrost niedriger Geschwindigkeiten in Erwägung gezogen (a.a.O., S. 201). Heute besitzen wir die Ergebnisse von über hundert seismischen Sondierungen aus Permafrostgebieten. Sie ermöglichen es, die 1976 geäußerten Vermutungen noch weiter zu präzisieren und zu belegen.

In Tabelle 9 sind die Geschwindigkeiten der Primärwellen, welche auf hochgelegenen Verflachungen und windexponierten Stellen an Talhängen erhalten wurden, nach abnehmenden Werten jenes Refraktors geordnet, für welchen Permafrost vermutet wird (Werte der Profile S3/4 bis S40/41 aus KING, 1976: 198). Während die über 1400 m ü.d.M. gelegenen Standorte Geschwindigkeiten um 3500 m/s zeigen, liegen die Werte tieferliegender Hangstellen um 3000 m/s. Die mittleren Bodentemperaturen dürften um -4 °C bzw. -3 °C liegen (vgl. Kapitel 3.3). Die beiden von ØSTREM (1964: 294 und 305) geschossenen Seismikprofile können in unserem Zusammenhang nicht ausgewertet werden, da sie sowohl vom Zeitpunkt der Messung (Winterende) als auch von der Auflösung her mit unseren Ergebnissen nicht vergleichbar sind.

Tab. 9: Lage, seismische Geschwindigkeit, Auftautiefe, winterliche Schneehöhe und mittlere Bodentemperatur an hochgelegenen und windexponierten Stellen.

Table 9: Elevated and windexposed sites (seismic)[1]

Nr.	m ü.d.M.	Exposition	v_r (m/s)	d_a (m)	h_s (cm)	t_s (°C)
S69/70	1505	F, WSW	3650	0.9	0- 5	-3.8
S67/68	1590	F, SE	3500	1.2	0-10	-4.0
S21/22	1415	F	3500	1.1	0-20	-3.5
S25/26	1420	F	3500	1.4	0-20	-3.5
S27/28	1425	F, SW	3500	1.5	0-20	-3.5
S71/72	1375	WSW	3350	1.6	0-15	-3.0
S77/78	1235	F, ENE	3050	1.8	10-30	?

In Tabelle 10 sind die im Talboden bzw. am Hangfuß erhaltenen Geschwindigkeiten zusammengestellt. Aufgrund der Talasymmetrie des Tarfalavagge darf auf der linken Seite das Gebiet unterhalb 1300 m ü.M., auf der rechten Talseite das Gebiet unterhalb 1200 m ü.M. dazu gerechnet werden (vgl. Höhenlinien auf Abb. 20). Eine erste Wertegruppe zeigt Geschwindigkeiten zwischen 3600 und 3000 m/s. Wie die ebenfalls aufgeführte Höhe der winterlichen Schneedecke schließen läßt, handelt es sich in der Regel um windexponierte Stellen (S 99/100, S101, S29/30, S13/14, S17/18, S5/6, S40/41, S7/8, S35/36 und S31/32). Nur das Gebiet S95/96 zeigt extrem mächtige und lange Schneebedeckung. Das Ergebnis von S61/62 wird später interpretiert.

Deutlich unter 3000 m/s, bei neun Stellen gar unter 2200 m/s, liegen die an den übrigen Stellen gemessenen Geschwindigkeiten. Trotzdem deuten die an allen Standorten mit $v_p \geq 2000$ m/s vorkommenden mittleren jährlichen Bodentemperaturen zwischen -2.5 °C und 0 °C, niedrige sommerliche Grundwassertemperaturen sowie tiefe BTS-Werte (vgl. Kapitel 3.6) auf gefrorenen Untergrund hin. Einzig die drei Standorte mit Geschwindigkeiten unter 2000 m/s weisen mit Sicherheit keinen Permafrost auf: Dies ist

---

[1] Erläuterungen zu Tabellen 9 und 10:

d_a = Mächtigkeit der Auftauschicht oder Tiefe des Refraktors mit der Geschwindigkeit v_r.

h_s = Schneehöhe im Winter in cm (Bereich aus mehreren Einzelmessungen).

v_r = Geschwindigkeit des Refraktors, für welchen Permafrost möglich sein könnte.

t_s = Geschätzte mittlere Bodentemperatur (vgl. Kapitel 3.3).

? = Schätzung, keine Messung vorhanden.

F = Verflachung

Tab. 10: Lage, seismische Geschwindigkeit, Auftautiefe, winterliche Schneehöhe und mittlere jährliche Bodentemperatur an Standorten im Bereich des Talbodens (Erläuterungen bei Tab. 9).

Table 10: Locations in the valley floor area (seismic soundings)

Nr.	m ü. M.	Exposition	v_r (m/s)	d_a (m)	h_s (cm)	t_s (°C)
S99/100	1220	WSW	3600	2.8	0-35	-1.6
S95/96	1172	WSW	3550	2.1	300-400	0 ?
S101	1245	SW	3500	1.8	0-20	-1.7
S29/30	1185	WSW	3450	1.7	0-10	-2
S13/14	1135	E	3400	0.9	0-10	?
S17/18	1075	F	3250	1.9	0-10	?
S5/6	1185	F	3225	1.8	0-10	≤0 ?
S40/41	1130	F	3175	1.4	0-10	≤0
S7/8	1195	F	3150	1.8	0-10	≤0 ?
S61/62	1125	F, SW	3150	7.7		≤0
S35/36	1125	F	3075	1.5	0-10	≤0 ?
S31/32	1150	F	3050	1.7	0-10	≤0 ?
S97/98	1160	NE	2700	1.2	30-100?	≤0 ?
S89/90	1160	F	2600	4.7	110-150	≤0
S73/74	1270	W	2500	1.0	30-85	-2.2
S93/94	1190	SW	2200	2.1	100-200	-1.7 ?
S15/16	1085	F, E	2150	2.0		?
S65/66	1140	F	2100	2.0	100?	≤0
S103/104	1220	F, SW	2070	2.2	300?	<0 ?
S3/4	1200	WSW	2025	1.7		<0
S23/24	1400	F	2000	-		-4
S91/92	1155	F	1975	1.7		>0
S75/76	1175	F, SW	1850	1.7		+1.5
S63/64	1125	F	1820	3.5		>0

bei den Stellen S63/64 und S75/76 durch benachbarte Bodentemperaturmessungen direkt gesichert, am Tarfalasjön (S91/92) ist es unwahrscheinlich, daß am Ufer eines großen, im Winter nicht durchfrierenden Sees Permafrost vorkommt (vgl. JOHNSTON & BROWN, 1964). Da sowohl wassergesättigte Sedimente (oberflächennahes Grundwasser konnte bei S63/64 und S91/92 beobachtet werden) als auch gefrorene Sedimente mit Temperaturen nahe dem Gefrierpunkt v_p-Werte um 2000 m/s aufweisen können, ist u. E. eine sichere Entscheidung für Permafrost allein seismisch nicht immer möglich. Dies ist auch insofern vernünftig, als im Gelände zahlreiche Stellen vorhanden sein dürften, an denen zum Zeitpunkt der Messungen am Ende des Sommers geringmächtiger Permafrost nahezu auftaut. Vergleichbare Meßergebnisse wurden auch in S-Norwegen erhalten (vgl. Kapitel 7).

Eine Beziehung zwischen seismischen Geschwindigkeiten und der Temperatur der Refraktorhorizonte ist nicht herzustellen, da uns die Temperaturen zur Zeit der seismischen Messung nicht bekannt sind. Auch eine Gegenüberstellung der Geschwindigkeiten und der geschätzten mittleren jährlichen Bodentemperaturen benachbarter Stellen führt zu keinem eindeutigen Ergebnis, weil offensichtlich kleinräumig unterschiedliche Bodentemperaturen existieren und auch das Bodenmaterial die seismische Geschwindigkeit bestimmt. Es fällt hingegen auf, daß Stellen, welche niedrige Geschwindigkeiten aufweisen, in der Regel eine hohe winterliche Schneedecke zeigen, d.h. bevorzugt in Muldenlagen auftreten (vgl. Tab. 9 und 10). Eine Geländebegehung belegt zudem, daß entlang der meisten Tiefenlinien auch ein Grundwasserfluß angenommen werden muß. Es darf vermutet werden, daß ein Wärmetransport durch Grundwasser zu einer lokalen Erwärmung an diesen Meßstellen und damit auch zu einer Erniedrigung von v_p führt. Dies stimmt auch mit den Ergebnissen von Laboruntersuchungen überein, die im Temperaturbereich zwischen $0°$ und $-1°C$ einen kontinuierlichen Geschwindigkeitsanstieg beschreiben (DZHURIK et al., 1978; TIMUR, 1968: figs. 2+3; vgl. auch AKIMOV et al., 1978; ZARUBIN et al., 1978 und weitere Beiträge in den Permafrost Proceedings).

Wohl läßt sich eine direkte Beziehung zwischen Bodentemperatur zur Zeit der Messung und Geschwindigkeiten der Primärwellen nicht direkt in jedem Einzelfall herstellen, doch sind folgende Aussagen möglich: V_p- Werte von über 3400 m/s sind meist bei Stellen erhalten worden, wo die Bodentemperaturen unter $-1.5°C$ waren (vgl. dazu Tabellen 9 und 10). Der Geschwindigkeitsabfall auf Werte unter 3400 m/s setzt eventuell aber erst bei Bodentemperaturwerten über $-1°$ oder gar über $-0.5°C$ ein. Er dürfte nicht nur eine Funktion der Bodentemperatur sein, sondern vom Anteil des ungefrorenen Bodenwassers abhängen, und somit durch die Korngröße und die allgemeinen hydrogeologischen Verhältnisse mitbestimmt werden (ZARUBIN et al., 1978; vgl. dazu auch KOHNEN, 1970).

Die von uns an Gletschereis bestimmten seismischen Geschwindigkeiten zeigt Tabelle 11. Die Eistemperaturen in der Nähe der Seismikstellen zeigt die Abbildung 21 (unpublizierte Daten der Forschungsstation Tarfala).

Tab. 11: Seismische Geschwindigkeiten für Gletschereis (Storglaciären)

Table 11: Seismic velocities (Storglaciären)

Profil-Nr.	Höhe (m ü.M.)	v (m/s)	geschätzte Temp. ($°C$)	Material	Schneehöhe im Winter (cm)
S81/82	1350	3700	$0°$ bis $-2°$	Eis, trocken	0- 10
S85/86	1320	3600	$0°$ bis $-0.5°$	Eis in Rinne	50-100
S79	1310	3500	$0°$	Eisbrei	100-200
S80	1309	1950	$0°$	Blöcke in Slush	100-200

3.4.3 Die seismische Bestimmung der Auftautiefe

Die Mächtigkeit der seismisch gemessenen Auftauschicht in Abhängigkeit von der Höhe der Meßstelle über dem Meeresspiegel zeigt Abbildung 22. Eingetragen sind ebenfalls die mittels Bodentemperaturmessung bestimm-

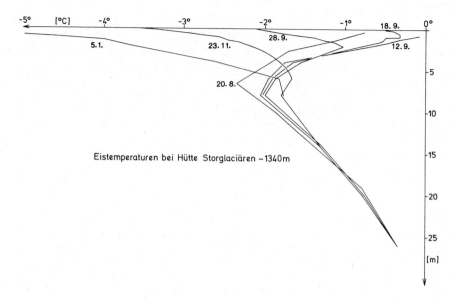

Abb. 21: Die Eistemperaturen des Storglaciären (1340 m ü. d. M., 1978/79)
Fig. 21: Ice-temperatures (Storglaciären)

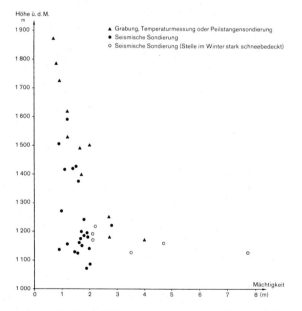

Abb. 22: Die Mächtigkeit der Auftauschicht in Abhängigkeit von der Höhe der Sondierungsstelle über dem Meeresspiegel (Testgebiet Tarfala)

Fig. 22: Thickness of active layer (testsslope Tarfala)

Abb. 23: Blick vom Vorgipfel des Tarfalatjåkka (1803m) nach NE. Vor dem Moränensystem des Tarfalaglaciären liegt ein langgestrecktes, perennierendes Schneefeld (Pfeil). Im Gebirge nördlich des Vistasvagge (Hintergrund) muß, bei Gipfelhöhen zwischen 1200 und 1750m, Permafrost verbreitet vorkommen.

Fig. 23: View from the Tarfalatjåkka area towards NE. Tarfalaglaciären and its moraine system is seen in the foreground.

Tab. 12: Die geoelektrischen Sondierungen im Testgebiet Tarfala

Table 12: Geoelectrical soundings (test area Tarfala)

Sondierung	Höhe ü. M.	Lage	Länge der Auslage	Distanz zu Fernpol	Winkel zu Fernpol
G 1	1165 m	"Tarfalastugan"	586 m	478 m	105^g
G 2	1230 m	"Enqvist"			
G 3	1265 m	Moräne, Kaskasatjåkkaglaciären			
G 4	1040 m	Moräne, Storglaciären	396 m	501 m	123^g
G 5	1105	Moräne, Storglaciären	242 m	300 m	100^g
G 6	1365	Eis, Storglaciären	-	-	95^g
G 7	1365	Eis, Storglaciären	590 m	700 m	95^g
G 8	1370 m	Seitenmoräne, Storglaciären	282 m	900 m	100^g
G 9	1560 m	"Kekkonen"	220 m	300 m	100^g
G 10	1495 m	Moräne, Tarfalaglaciären	238 m	>300 m	100^g

Die Sondierung G6 mußte nach zwei Stunden abgebrochen werden, da die Schmelzwasserführung auf dem Storglaciären in solchem Umfang zunahm, daß eine kontinuierliche Verfälschung der Meßresultate eintrat. Die spezifischen Widerstände bei der Sondierung G6 liegen in der gleichen Größenordnung wie bei G7, die am folgenden Tag durchgeführt wurde.

ten Mächtigkeiten. Während die thermisch bestimmten Auftaumächtigkeiten am Testhang als Funktion der Höhe gesehen werden können, streuen die seismisch bestimmten Mächtigkeiten. Es ist dies die Folge unterschiedlicher Meßzeitpunkte und unterschiedlicher Standorte. Die 1977 am Testhang durchgeführten seismischen Sondierungen ergeben eine rund 40 cm weniger mächtige Auftauschicht, die 1976 durchgeführten Messungen eine 50 bis 100 cm weniger mächtige Auftauschicht.

Eine Ende Juli durchgeführte seismische Messung ergibt zwar einen noch nicht voll entwickelten Auftauhorizont: Es ist nach unseren Erfahrungen aber auszuschließen, daß so Winterfrost mit Permafrost verwechselt werden kann: Bei geringmächtigen Winterfrostvorkommen werden nach unseren Erfahrungen die Primärwellen schon nach kurzer Distanz so stark gedämpft, daß sie nicht mehr erfaßt werden können. Ein weiterer Grund für die geringere Mächtigkeit der seismisch erfaßten Auftautiefe liegt darin, daß wir mit einfachen Zwei- oder Dreischichtmodellen die wahren Untergrundsverhältnisse oft nicht erfassen. So wird, bei kontinuierlicher Geschwindigkeitszunahme mit größerer Tiefe (wasserstauende Wirkung des Permafrosts), die Annahme eines Zweischichtenfalles eine zu geringe Auftaumächtigkeit ergeben. Es dürfte jedoch kaum möglich sein, allein durch Seismik wassergesättigte Schichten über dem Permafrostspiegel von auftauendem Permafrost klar abzutrennen. Bei der Interpretation seismischer Ergebnisse sollen diese Gesichtspunkte nicht außer Betracht gelassen werden.

3.5 Geoelektrische Sondierungen im Gebiet Tarfala

3.5.1 Zur Interpretation der Ergebnisse

Im Untersuchungsgebiet Tarfala wurden Mitte August 1979 zehn geoelektrische Sondierungen durchgeführt (G1 bis G10). Die Lage der Sondierungsstellen wurde schon in Abb. 8 dargestellt. In Tabelle 12 sind die wichtigsten Lagedaten aufgeführt. Die im Gelände gemessenen und berechneten Werte des scheinbaren Widerstandes werden in der üblichen Form in Abhängigkeit von der Elektrodendistanz L/2 auf doppeltlogarithmisches Papier (Modul 83.33 mm) abgetragen. Die so gewonnenen Sondierungskurven sind in verkleinerter Form als Abb. 24 und 25 der Arbeit beigegeben. Die vorgenommene Interpretation ist, ebenfalls in logarithmischem Maßstab (!), unter der Sondierungskurve gezeichnet. Die Ergebnisse der Sondierungen G4, G5 und G10 wurden schon in KING (1982) abgebildet und kommentiert.

Bei der Interpretation geoelektrischer Sondierungsergebnisse ist erwünscht und in Mehrschichtfällen gar notwendig, möglichst viele Zusatzinformationen über die Sondierungsstelle zu besitzen, um die Möglichkeiten der Methode ausschöpfen zu können. Ursache dafür ist das Äquivalenzprinzip: Einer im Gelände erhaltenen Sondierungskurve können, beim Vorliegen eines Mehrschichtfalles, mehrere (äquivalente) Modelle zugeordnet werden. Beim Vorliegen einer Dreischichtkurve besteht in der Regel die Aufgabe des Interpreten darin, den Widerstand ϱ der mittleren Schicht mit hinreichender Genauigkeit zu schätzen, damit deren Mächtigkeit m und Tiefe h genau bestimmt werden können. Ist an anderen Stellen die Mächtigkeit größenordnungsmäßig bekannt, so kann aus der Sondierungskurve der spezifische Widerstand der mittleren Schicht bestimmt werden. Im Dreischichtfall (Maximumstyp) gilt innerhalb gewisser Grenzen etwa die Beziehung $m \cdot \varrho = m' \cdot \varrho'$. Dieses Äquivalenzprinzip gilt um so genauer, je kleiner die relative Mächtigkeit (m/h) der mittleren Schicht ist. Als Faustregel gilt: "Damit eine Schicht im Untergrund in den Sondierungskurven mit Sicherheit erkannt werden kann, ist eine relative Mächtigkeit >1 erforderlich, d.h. die Schicht muß mindestens so mächtig sein wie ihr gesamtes Hangendes. Ein einmal erfaßter Horizont läßt sich jedoch auch bei einer Verringerung seiner Mächtigkeit weiter verfolgen" (DEPPERMANN et al., 1961: 735).

Glücklicherweise ist die Ausgangslage in den meisten Fällen recht günstig: Die relative Mächtigkeit m/h des Permafrostkörpers ist in der Regel groß, d.h. die Auftauschicht im Verhältnis zum Permafrostkörper relativ geringmächtig. Die Ergebnisse unserer hammerschlagseismischen Arbeiten, Bodentemperatur- und BTS-Messungen, Grabungen und Vermessungen liefern weitere wertvolle Informationen. Zudem liegt auch geoelektrisch eine beachtliche Erfahrung vor, sind doch im Zusammenhang mit der Permafrostthematik vom Verf. bis heute über 65 geoelektrische Sondierungen durchgeführt worden, darunter auch mehrere Sondierungen an gut bekannten Objekten in den Alpen. Sie geben, zusammen mit Ergebnissen aus Nordamerika und der Sowjetunion, ausreichende Informationen, um die zu erwartenden spezifischen Widerstände abschätzen zu können. Von zentraler Bedeutung bei der Geoelektrik ist schließlich auch eine präzise morphologische Geländebeobachtung, deren Ergebnisse bei der Interpretation berücksichtigt werden müssen (Lateraleffekte).

Eine erste Auswertung der Sondierungskurven wurde mit dem Kurvenatlas von MUNDRY & HOMILIUS (1979) vorgenommen (vgl. auch Hilfspunktverfahren nach DEPPERMANN et al., 1961). Eine verbesserte Interpretation wurde danach mit Rechenprogrammen angestrebt (FIELITZ, 1978; KOEFOED, 1979: 98-99; vgl. dazu auch KING, 1982: 143). Die jeweils zur Interpretation verwendete Modellkurve ist zusammen mit den gemessenen scheinbaren Widerständen auf den Abb. 25 und 26 eingezeichnet. Entgegen den Darstellungen in einigen anderen Arbeiten handelt es sich hier also nicht um aus dem Kurvenatlas entnommene Teilstücke von Modellkuren, die den Feldwerten weitgehend angeglichen werden können. Obwohl unsere errechnete Modellkurve daher stellenweise von den Feldwerten abweichen kann und - bedingt durch Unregelmäßigkeiten des Geländes - auch abweichen muß, wird durch diese Methode die mit Hilfe eines einfachen Modells bestmögliche Erfassung der an der Sondierungsstelle vorkommenden Verhältnisse erreicht. Mit detaillierteren Modellen ließen sich wohl in einigen Fällen die Annäherungen an die Feldwerte verbessern. Während aber die Grundzüge eines relativ einfachen Dreischichten-Modells mit Sicherheit zutreffen müssen, ist die Wahrscheinlichkeit, daß die komplexeren Verhältnisse eines "besseren" Modells mit den tatsächlichen Verhältnissen übereinstimmen, aus Gründen des Äquivalenzprinzips äußerst gering. Um in unseren Aussagen genau zu bleiben, "begnügen" wir uns daher mit einfachen, dafür aber in ihren Grundzügen zutreffenden Modellen.

3.5.2 Geoelektrische Untersuchungsergebnisse

Bei den Sondierungsstellen G4, G5 und G10 handelt es sich um mächtige, geforene Schuttmassen, deren Oberflächen durch Längs- und Querwälle auffallend strukturiert sind, und die sich durch eine steile Schuttstirn von ihrer Umgebung scharf abgrenzen. Hier stand die Frage im Vordergrund, ob Blockgletscher oder Moränen mit Eiskernen vorliegen. Die zuvor in den Alpen gesammelten Erfahrungen waren uns für unsere Interpretation von großem Nutzen (vgl. FISCH et al., 1977; KING & HAEBERLI, Manus.). Da das Ergebnis dieser drei Sondierungen in KING (1982: 145-149) schon ausführlich beschrieben wurde, sei hier nur auf die wichtigsten Punkte hingewiesen: Bei der Schuttmasse Storglaciären handelt es sich um einen Blockgletscher mit einer Auftauschicht von rund 2 bis 4 m Mächtigkeit und spezifischem Widerstand von 9000 Ohm-m. Darunter folgt Dauerfrostboden mit einem rund hundert mal höheren spezifischen Widerstand. Dieser Permafrostkern kann jedoch nicht am Fels angefroren sein, da der Endwiderstand der Sondierung mit etwa 2000 Ohm-m auf eine gut leitende Sedimentschicht hindeutet. Dieser Befund hilft bei der Interpretation der Bewegungsmessungen, die in jüngster Zeit von der Forschungsstation Tarfala durchgeführt werden (Fließen oder Gleiten der Permafrostmasse, vgl. auch HAEBERLI, KING et al., 1979).

Im Blockgletscher Storglaciären ist das Vorkommen größerer Eislinsen zwar wahrscheinlich, die Existenz eines mehrere Meter mächtigen Eiskerns wird durch unsere Sondierungen G4 und G5 jedoch ausgeschlossen, müßte doch dessen spezifischer Widerstand zwischen rund 10 und 100 MOhm-m liegen (KING, 1982 und dort zitierte Literatur). Die Größenordnung des spezifischen Widerstandes von Eis haben wir mit unseren Instrumenten auf dem Storglaciären erfaßt. Die dabei erhaltenen Sondierungskurven G6 und G7 sind zumindest halbquantitativ auswertbar.
Die scheinbaren Widerstände erreichen bei der Sondierung G7 (Abb. 25) bei einer Auslage L/2 von rund 250 bis 300 m über 10 MOhm-m. Die Eismächtigkeit beträgt nach BJÖRNSSON (1981: 227) an der Sondierungsstelle etwas über 150 m und Lateraleffekte durch Felsschwellen o.ä. sind nicht zu erwarten. Die Sondierungsstelle liegt zudem über 300 m vom Gletscherrand entfernt. Modellrechnungen deuten auf eine Größenordnung von 40 MOhm-m für Gletschereis. Auffallend an der Sondierungskurve ist übrigens die Verflachung bei L/2 = 30 bis 50 m, die von kaltem Eis in 4 bis 18 m Tiefe her-

vorgerufen sein könnte (für Eistemperaturen vgl. Abb. 21 und GOULD, 1978). Spezifische Widerstände zwischen 15 und 30 MOhm-m wurden von KING et al. (Manus.) bei verschiedensten Meßanordnungen auf dem Corvatsch-Gletscher in der Nähe des Piz Murtèl erhalten (3483 m ü.M., Oberengadin, Schweiz, 5.8.81). Wir rechnen daher bei unseren Modellberechnungen mit Werten von 30-40 MOhm-m (vgl. auch GREENHOUSE, 1961).

Am Tarfalaglaciären (Abb. 23) zeigt die Sondierung G10 für den Permafrostkern der Schuttmasse einen spezifischen Widerstand, der deutlich über 10 Mio. Ohm-m liegt. Es wurde eine Modellkurve berechnet, die einem in gefrorenem Schutt eingebetteten fünf Meter mächtigen Eiskern von $30 \cdot 10^6$ Ohm-m entspricht. Bei einer geschätzten Mächtigkeit von rund 30 m ist der Schuttkörper (q_s = 300 000 Ohm-m) am Felsuntergrund angefroren. Die Verwendung des Begriffes "Ice-Cored Moraine" ist gerechtfertigt. Geländebeobachtungen deuten an einigen Stellen auf eine sehr langsame Bewegung der gesamten Schuttmasse. Die Verwendung des Begriffes "Blockgletscher" erscheint.daher ebenso zulässig, solange nicht Bewegungsmessungen zeigen, daß der ganze Schuttkomplex immobil ist und blockgletscherartiges Ausfließen fehlt. Abbildung 24 zeigt den unterschiedlichen Aufbau der beiden Untersuchungsobjekte anhand schematischer Schnitte.

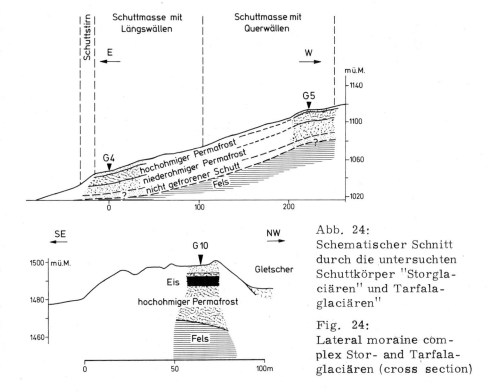

Abb. 24:
Schematischer Schnitt durch die untersuchten Schuttkörper "Storglaciären" und Tarfalaglaciären"

Fig. 24:
Lateral moraine complex Stor- and Tarfalaglaciären (cross section)

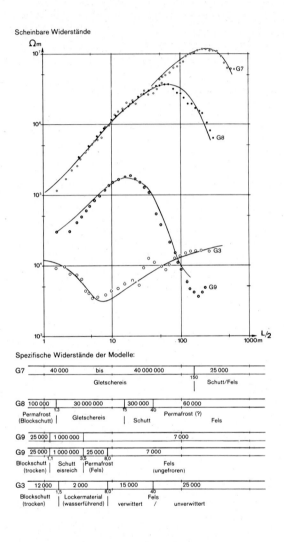

Abb. 25: Geoelektrische Sondierungskurven G7, G8, G9 und G3 (Tarfala)

Fig. 25: Geoelectrical sounding graphs G7, G8, G9 and G3 (Tarfala)

Die bei den Sondierungen G4, G5, G6/7 und G10 berechneten spezifischen Widerstandsgrößen bilden die Grundlage zur Interpretation der Ergebnisse von G3 und G8, die ebenfalls auf Moränenwällen erhalten wurden. Die Sondierungsstelle G3 liegt auf dem Kamm einer Stirnmoräne des SE-Kaskasatjåkkaglaciären im Talschluß des Tarfalavagge auf 1265 m ü. M. (vgl. Abb. 8). Der langgestreckte Moränenkamm dämmt hangwärts zeitweise kleine Tümpel ab, was vermuten läßt, daß bis in den Hochsommer hinein das Innere des Moränenwalles gefroren sein könnte. Die mittlere jährliche Bodentemperatur an der nur 3.5 m entfernt liegenden Meßstelle T37 liegt bei -1.7 $^\sigma$C (vgl. Abb. 16). Die Geschwindigkeiten des über die Sondierungsstelle hinwegführenden Seismikprofils S101/102 deuten auf Permafrost mit einer Auftautiefe von rund 1.8 m (vgl. Laufzeitendiagramm im Anhang und Tab. 7). Auf eine Permafrost begünstigende Lage weist auch die winterliche Schneehöhe von etwa 20 cm auf dem Moränenkamm hin. Obwohl das unruhige Relief für eine geoelektrische Sondierung sicherlich nicht ideal ist, und keine "sanfte" Kurve zu erwarten ist, wurde eine Sondierung versucht. Sie sollte zumindest klären, ob hier eine Moräne mit Eiskern vorliegt. Das Ergebnis ist der Abbildung 25 zu entnehmen.

Überraschenderweise und im Unterschied zu den meisten anderen Sondierungen zeigt die Sondierung G3 einen Dreischichtfall vom Minimumtyp mit einem Anfangs- und einem Endwiderstand von 12 000 bzw. 25 000 Ohm-m. Die Existenz eines Eiskerns kann daher mit Sicherheit ausgeschlossen werden. Die gut leitende Zwischenschicht mit einem spezifischen Widerstand von 2 000 Ohm-m besitzt eine Mächtigkeit von 6.5 m und weist auf wasserführendes Lockermaterial hin. Als Grundwasserstauer kommt sowohl Fels als auch gefrorenes Moränenmaterial in Frage, allerdings ist dies geoelektrisch nicht eindeutig festzustellen. Da aber nach dem Geländebefund der Moränenkörper kaum wesentlich mehr als 8 m mächtig ist, sind die 20 000 Ohm-m der dritten Schicht nicht als relativ niederohmiger Reliktpermafrost, sondern im wesentlichen als Fels anzusprechen. Andererseits sei hier das Modell eines Vierschichtfalles gegeben, das am besten dem langsamen Kurvenanstieg entspricht (Abb. 25 unten). Verwitterter Fels von 15 000 Ohm-m geht dabei in 40 m Tiefe in unverwitterten Fels von 25 000 Ohm-m über. Die springenden scheinbaren Widerstände zwischen L/2 = 20 und 60 m dürften als senkrechter Störkörper interpretiert werden (z.B. wasserführende Rinne, vgl. KUNETZ, 1966).

Zu völlig anderen Ergebnissen kommt die Sondierung G8, die auf der rechten Seitenmoräne des Storglaciären durchgeführt wurde. Zentrale Frage war hier die Mächtigkeit der Schuttdecke und eines eventuell vorhandenen Eiskerns. Die scheinbaren Widerstände zeigen einen Dreischichtfall vom Maximumtyp und erreichen gut 4 MOhm-m, der spezifische Widerstand der schlecht leitenden Mittelschicht liegt bei mindestens 10 MOhm-m. Für die Modellrechnung werden, wie bei der Sondierung G7 auf Eis, 30 MOhm-m eingesetzt. Die Eisuntergrenze liegt damit bei 15 m. Der Widerstand der untersten Schicht beträgt deutlich weniger als 200 000 Ohm-m, eine genauere Bestimmung ist nicht möglich. Da aus morphologischen Gründen der Felsuntergrund nicht wesentlich unter der Eisuntergrenze liegen kann, wurden 300 000 Ohm-m für gefrorenen Schutt, 60 000 Ohm-m für gefrorenen Fels eingesetzt und eine mögliche Lösung errechnet und in Abb. 25 dargestellt. In der Seitenmoräne des Storglaciären kommt somit, unter einer nur geringmächtigen Schuttdecke, Eis (wahrscheinlich des Gletschers) in größerer Mächtigkeit vor. Die scheinbaren Widerstände beim Kurvenabfall zeigen zudem, daß dieses am Untergrund angefroren ist. Die hohen spezifischen Widerstände der Schuttauflage und die geringe Auftautiefe sind angesichts der Lage der Sondierungsstelle vor einem steilen Nordhang verständlich. Das recht grobblockige Oberflächenmaterial ist meist im Eis festgefroren.

Die Sondierung G9, auf 1560 m ü.M. durchgeführt, sollte die Größenordnungen der spezifischen Widerstände von sehr trockenem Schutt, gefrorenem Schutt tiefer Temperatur sowie von gefrorenem Fels ergeben. Als Auftautiefe wurde entsprechend der Ergebnisse der Seismikprofile S69/70 etwa 0.9 m erwartet, die Sommertemperatur des gefrorenen Schuttes dürfte in 2.5 m Tiefe deutlich unter $-3\,°C$ liegen und gegen die Schuttgrenze auf $-4.5\,°C$ fallen (Extrapolation aus den am gleichen Tag gemessenen Bodentemperaturen an der nur 600 m entfernten Meßstelle T29, vgl. dazu das Bodentemperaturdiagramm der Abb. 12). Die Schuttmächtigkeit dürfte an der stabilen, reliefarmen Stelle einige Meter nicht überschreiten, eine tiefreichende Felsverwitterung ist aber möglich. Die Permafrostmächtigkeit ist mit Sicherheit größer als die Schuttmächtigkeit.

Das Sondierungsergebnis der Abb. 25 bestätigt die seismisch gewonnene Mächtigkeit der Auftauschicht mit 1.1 m. Der steile Anstieg und der nachfolgende steile Abfall der Sondierungskurve deuten auf eine sehr hochohmige Schicht geringerer Mächtigkeit. Im Modell wurden unter der Auftauschicht zwischen 1.1 m und 3.5 m Tiefe rund 10^6 Ohm-m eingesetzt. Der Endwiderstand liegt mit 7000 Ohm-m relativ tief und dürfte durch Fels verursacht sein. Ebenso wie bei der Sondierung G5 (vgl. KING, 1982: 146f.) kann auch bei G9 der extreme Widerstandsabfall von 10^6 auf 7000 Ohm-m dazu führen, daß eine Zwischenschicht von z.B. 25 000 Ohm-m in 3.5 m bis 8 m Tiefe in der Sondierungskurve sich nicht auswirkt und somit nicht zu erfassen ist. Bei der modellhaften Interpretation sind beide Möglichkeiten angegeben, wobei die 25 000 Ohm-m zwischen 3.5 und 8 m Tiefe sowohl gefrorenem Schutt, als auch verwittertem Fels mit eisgefüllten Klüften zugeordnet werden können. Die spezifischen Widerstände der Auftauschicht mit 25 000 Ohm-m und auch des gefrorenen Schuttes mit rund 1 MOhm-m liegen hier sehr hoch. Es scheint dies eine Folge von Trockenheit bzw. tiefer Temperatur zu sein. Die erhaltenen Werte bilden für unsere übrigen Untersuchungsobjekte Maximalgrößen für sehr trockenes ungefrorenes bzw. sehr kaltes gefrorenes Material. Spekulationen über den Eisgehalt sollen hier unterbleiben. Die gesamte Permafrostmächtigkeit läßt sich geoelektrisch nicht direkt bestimmen, da ein markanter Widerstandsanstieg beim Gefrieren von Sedimenten oder Fels erst bei Temperaturen unter $-1\,°C$, bei Fels eventuell gar erst bei noch tieferen Temperaturen stattfindet (vgl. dazu FISCH et al., 1977; KING, 1982: 146 f. und zitierte Literatur). Die Gesamtmächtigkeit kann unter Verwendung eines mittleren geothermischen Tiefengradienten (z.B. 4 °C pro 100 m) auf mindestens 100 m geschätzt werden, ein Betrag, der infolge der sehr hochohmigen Mittelschicht modellmäßig nur durch ein Vielschichtmodell mit gegen die Untergrenze des Dauerfrostbodens kontinuierlich besser leitenden Horizonten erhalten werden kann.

Unter Einbeziehung der seismischen und thermischen Ergebnisse und der Verwendung der oben beschriebenen spezifischen Widerstände lassen sich nunmehr auch die Sondierungen G1 und G2 deuten. Ergebnis und Interpretation der Sondierung G2 zeigt die Abbildung 26. Die Auftautiefe ist mit 1.3 m geringer als bei den benachbarten Seismikprofilen S99/100 (mit 2.8 m), was durch den exponierteren Sondierungsstandort erklärbar ist. Das schon seismisch gesicherte Vorkommen von Permafrost wird durch die erhaltene Vierschichtkurve auch geoelektrisch belegt. Die tatsächlich vorkommende Permafrostmächtigkeit muß, da sich Permafrost nahe dem Gefrierpunkt geoelektrisch nicht erfassen läßt, merklich größer als 3 m sein. Andererseits schließen die 3500 Ohm-m der dritten Schicht aus, daß der Dauerfrostboden mächtiger ist als rund 10 m. Die wiederum hohen spezifischen Widerstände der vierten Schicht könnten wohl durch tiefliegenden Reliktpermafrost hervorgerufen sein, das Gelände deutet aber darauf hin, daß die Schichtgrenze in 14 m durch die Felssohle bedingt sein dürfte. Die relativ geringe Permafrostmächtigkeit einerseits und die relativ niedrige mittlere Bodentemperatur von -1.6 °C an der benachbarten Stelle T35 andererseits wären durch die Annahme in Übereinstimmung zu bringen, daß die klimatischen Bedingungen während der 70er Jahre kühler gewesen sind als in den davorliegenden Jahrzehnten.

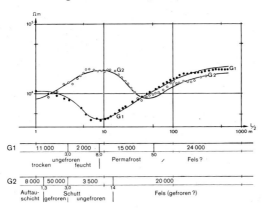

Abb. 26: Geoelektrische Sondierungskurven G1 und G2 (Tarfala)

Fig. 26: Geoelectrical sounding graphs G1 and G2 (Tarfala)

Aus der Umgebung der Sondierungsstelle G1 liegen refraktionsseismische und thermische Ergebnisse vor. Sie seien hier kurz rekapituliert: Die seismischen Geschwindigkeiten von 2600 m/s deuten auf Permafrost hin, dessen Obergrenze von 3 m auf 6 m absinkt. Im Bereich der Stelle S89 dürfte es sich somit nicht um aktiven Permafrost handeln. Die Felssohle ist hier in rund 14.5 m Tiefe (?) zu erwarten. Thermisch ist Permafrost nicht zu belegen; die mittleren Bodentemperaturen betragen etwa 0° C.

Die geoelektrische Sondierung bestätigt die seismischen Befunde. Der vermutete Permafrostkörper reicht von 8 m bis in über 15 m Tiefe; der langgestreckte Kurvenanstieg ist mit einem Dreischichtfall nicht befriedigend zu deuten (Abb. 27). An der Sondierungsstelle G1 kommt somit erstaunlich mächtiger Reliktpermafrost vor. Ist die Schichtgrenze in 15 m Tiefe durch den Übergang Schutt/Fels bedingt, so stellt sie für den Permafrost nur eine Mindestmächtigkeit dar! Die bei G1 (im Vergleich zu G2) markant größeren Schneemächtigkeiten scheinen hier, trotz kühleren Klimas, eine Permafrostneubildung noch zu verhindern oder zumindest stark zu verzögern.

Abschließend soll nochmals darauf hingewiesen werden, daß in manchen Fällen die geoelektrischen Ergebnisse ohne die refraktionsseismischen Resultate materialmäßig nicht zu deuten wären. Die geoelektrischen Arbeiten bieten andererseits eine willkommene Sicherung seismischer und thermischer Befunde.

3.6 BTS-Messungen im Gebiet Tarfala

3.6.1 Allgemeines

Bei der BTS-Methode (BTS = Basistemperatur der winterlichen Schneedecke) wird aus der Temperatur, die zu Ende des Winters an der Schneebasis einer mindestens 1 m mächtigen Schneedecke gemessen wird, auf das Vorkommen bzw. Fehlen von Permafrost geschlossen (HAEBERLI, 1973). Die Methode erwies sich bei unseren Kartierungen als hilfreich und konnte von uns weiter verfeinert werden (vgl. Kapitel 7). Die Lage der im Tarfalavagge gemessenen 16 BTS-Profile ist in Abbildung 27 dargestellt. Weitere 15 BTS-Temperaturen stammen von jenen Stellen, an denen der Temperaturverlauf in der Schneedecke und z.T. auch der Aufbau der Schneedecke aufgenommen wurden (Tab. 13 und TS-Punkte auf Abb. 27). Aus der Tabelle 14 können die wichtigsten Angaben über die Lage und Art der BTS-Profile wie Zahl und Abstand der Meßpunkte, Meereshöhe etc. entnommen werden. Die erhaltenen BTS-Werte sind in den Abbildungen 30 und 31 in Relation zur Schneehöhe aufgetragen worden.

Nach HAEBERLI (1978: 379) lassen BTS-Werte von über -2 ^{o}C auf permafrostfreien Untergrund, BTS-Werte unter -3 ^{o}C auf Permafrost schließen. Die Spanne zwischen -3 ^{o}C und -2 ^{o}C wird als Bereich methodisch bedingter Unsicherheit definiert. Die Mindestschneehöhe für die Messung von BTS-Werten liegt nach HAEBERLI (1973, 1978) bei einem Meter. Aus rationellen Gründen ist es wenig sinnvoll, den Unsicherheitsbereich etwa durch Verlängerung der Meßzeit einzuengen.

---

[1] Die 24000 Ohm-m des Endwiderstandes können sowohl durch gefrorenen Fels als auch gefrorenen Schutt bedingt sein. Die Tiefe des benachbarten Tarfalasees von 52 m deutet auf tiefliegenden Fels.

Tab. 13: Die TS-Profile im weiteren Kebnekaise-Gebiet (Temperaturverlauf in der Schneedecke)

Table 13: TS-profiles (investigation region Kebnekaise/Abisko)

Nr.	max. Tiefe (m)	Anzahl Meßpunkte	BTS-Wert (°C)	Höhe (m ü.M.)	Standort und Lage
TS1	3.25	6	-0.6	1270	Mulde bei T37
TS1a	4.10	6	-1.8	1270	wie TS1
TS2	1.25	3	-1.6	1160	Nähe T36, Ufer von Tarfalasjön
TS3	0.65	3	-0.1	1152	Tarfalasjön, Nähe SW-Ufer
TS4	1.25	3	-5.7	1160	in BTS-5, NE-exp. Steilhang am Tarfalasjön
TS5	3.00	6	-2.1	1175	Isfallsglaciären, Vorfeld
TS6	2.50	6	-7.2	1285	bei T27
TS7	1.05	4	-9.0	1515	200 m N T29
TS8	1.10	3	-6.8	1550	bei G9
TS9	2.60	3	-6.6	1530	auf dem Tarfalaglaciären
TS10	3.30	8	-6.0	1450	auf dem Tarfalaglaciären
TS11	3.20	3	-4.7	1605	auf dem Storglaciären
TS12	2.50	3	-6.9	1585	auf dem Storglaciären
TS13	3.10	3	-6.0	1490	auf dem Storglaciären
TS14	1.20	3	-5.8	1410	auf dem Storglaciären
TS15	0.70	3	-7.3	1350	auf dem Storglaciären
TS16	2.35	5	-1.8	1130	bei Station Tarfala
TS17	2.12	3	-1.6	1130	bei Tarfala
TS18	0.80	3	-0.7	500	Nikkaluokta Kirche
TS19	0.35	8	-3.8	465	Paittasjärvi (See)
TS20	0.21	5	-8.5	480	Ladtjojakka S Nikkaluokta
TS20a	0.32	6	-4.8	480	wie TS20
TS21	0.24	4	-4.8	480	wie TS20
TS22	0.80	8	-2.0	482	offener Birkenwald, Nikkaluokta
TS23	0.40	8	-6.7	485	Turiststation Nikkaluokta
TS24	1.68	18	-3.5	350	Abiskosuolo
TS25	0.35	7	-1.3	380	Forschungsstation Abisko
TS25f	0.35	7	-3.4	380	wie TS25
TS26	1.70	11	-0.4	980	Topsjön ob Abisko (Njulla)
TS27	1.10	5	-2.3	900	Abisko Linbana-Top
TS28	1.10	3	-2.8	900	Abisko Linbana-Top
TS29	0.80	4	-1.5	353	Stordalen (IBP-Palsenfeld)
TS30	2.70	7	-1.0	354	Stordalen (IBP-Station)
TS36	5.55	12	-3.9	1100	perenn. Schneefeld Storgl.
TS37	2.40	3	-5.0	1270	Eis des Storglaciären
TS38	1.85	3	-2.9	1180	Hang W Station Tarfala

Tab. 14: Die BTS-Profile im weiteren Kebnekaisegebiet

Table 14: BTS-profiles (investigation region Kebnekaise/Abisko)

BTS-Nr.	Distanz in mtr.	Abstand der Meßpunkte (m)	Total Punkte	Punkte h ≥1m	Höhe H (m ü.M.)	Lage	t_{m100} in °C	S_{100}	Permafrost
1	375	div.	13	8	1165	Tarfala, bei T26, S75	- 2.5	0.7	(+ -)?
2	340	div.	9	5	1220	Tarfala, bei T35, G2	- 2.8	1.4	+ -
3	200	25	8	8	1200	Tarfala, Schneefleck "Björn"	- 3.1	0.7	+ (-)
4	550	50	13	11	1175	Polygonfeld	- 1.7	0.7	+ (+)
5	250	25	11	9	1175	NE-exp. Hang, Tarfalasjön	- 4.5	3.2	+ -
6	220	20	12	7	1480	Tarfalaglaciären (i.c. moraine)	-11.0	1.0	+
7	200	25	9	9	1050-1095	Storglaciären (i.c. moraine)	- 4.2	1.3	+
8	200	25	9	8	1125-1150	Mulde S Storglaciären Moräne	- 4.4	1.7	+ (-)
9	566	33	17	10	1275	Storglaciären quer	- 5.4	1.2	+
10	133	33	5	5	1265	E-exp. Hang gegenüber Station	- 6.8	0.9	+
11	250	25	11	11	1180	E-exp. Hang gegenüber Station	- 4.6	1.3	+
12	500	50	10	7	1125	Sundblad-Profil, längs	- 2.6	1.2	(+ -)
13a	375	50	10	7	1160-1150	Querprofil Talboden	- 2.8	1.5	(+ -)
13b	515	50	12	6	1160-1260	Querprofil Hang	- 3.1	1.1	+ (-)
14	250	50	7	5	1155	Isfallsglaciären, Vorfeld	- 2.1	0.6	- (+)
14a	div.	div.	14	14	600-660	Kebnekaise Fjellstation	- 2.2	1.3	-?
15	180	div.	6	5	1025	Abisko Linbana	- 1.6	0.6	-
16	div.	div.	19	2	353	Stordalen	- 0.9	0.0	-

div. = Punktfeld ausgemessen
H = Höhe des ersten Meßpunktes (falls nur ein Wert vorhanden)
t_{m100} = BTS-Mittel aller Punkte mit über 100 cm Schneehöhe
S_{100} = Standardabweichung von t_{m100}

+ - = Permafrost nur zum Teil vorhanden
+ (-) = Permafrost an Mehrzahl der Punkt an einigen Punkten aber fraglich.
- (+) = In der Regel kein Permafrost, Vorkommen an einigen Punkten möglich.
+ = Permafrost sicher, - = kein Permaf

Hingegen konnten wir die Mindestschneehöhe der BTS-Methode auf 80 cm verringern, weil auch bei 80 cm der Einfluß der Lufttemperatur auf den BTS-Wert relativ gering ist. Die Lage des Unsicherheitsbereichs konnte zudem genauer bestimmt werden; Begründung und Schlußfolgerungen dazu werden in Kapitel 7.5.2 gegeben.

3.6.2 Interpretation der BTS-Werte

Eine erste Interpretationsmöglichkeit besteht darin, die entlang eines BTS-Profils gewonnenen Werte insgesamt auf ihre Einheitlichkeit und Aussagekraft bezüglich des Vorkommens von Permafrost zu betrachten. Bei mehreren Diagrammen scharen sich die Punkte entlang einer Kurve, deren Fortsetzung gegen größere Tiefen zu sich einer konstanten Temperatur nähert, und die die Oberfläche (Om-Linie) im spitzen Winkel etwa bei der zum Meßzeitpunkt vorhandenen Lufttemperatur schneidet (BTS1, BTS6, BTS9, BTS12, BTS13). Bei anderen Diagrammen liegen die Punkte ohne besonderen Schwerpunkt weit verstreut (z.B. bei BTS5). Um die charakteristische Punkteverteilung zahlenmäßig zu erfassen, wurde die mittlere Temperatur t_{m100} aller Meßpunkte mit mehr als 100 cm Schneehöhe eines BTS-Profils sowie die Standardabweichung S_{100} berechnet. Damit ist eine erste Interpretation bezüglich Permafrostvorkommen im untersuchten Gelände entlang des BTS-Profils möglich. Sie ist in der letzten Spalte der Tabelle 14 angegeben. Für eine detailliertere Analyse sollen später auch die BTS-Schneehöhendiagramme herangezogen werden.

Sichere Permafrostvorkommen sind erwartungsgemäß in den Blockgletschern am Storglaciären und Tarfalaglaciären vorhanden (BTS6 und BTS7). Auch unter und in der Nähe des perennierenden Schneeflecks außerhalb der Moräne am Storglaciären muß Permafrost vorkommen (BTS8). Interessant sind die sehr tiefen Temperaturen von BTS10 und BTS11 (Abb. 27), die nicht nur Permafrost im gesamten E- und NE-Hang des Södra Klippberget belegen, sondern hier auch auf tiefere Bodentemperaturen schließen lassen als unter den ähnlich hochgelegenen Profilen BTS1, BTS2 und BTS3 der gegenüberliegenden Talseite (vgl. dazu Kapitel 7 und Abb. 64). Infolge der Talasymmetrie ist der Bereich zwischen 1150 m und 1300 m ü.d.M. auf der westlichen Talseite noch als Hangsituation, auf der östlichen Talseite als Hangfuß- bzw. Talbodensituation anzusprechen. Die darüber folgenden Hänge sind in der Regel auf der rechten Talseite stark verschneit, auf der linken Talseite schneefrei. Die hier vorkommenden Bodentemperaturen sind daher nicht allein eine Folge der unterschiedlichen Einstrahlung, sondern auch der unterschiedlichen Mächtigkeit der Schneedecke. Die E- und NE-Hänge des Södra Klippberget (Pkt. 1746) sind bis weit in den Sommer hinein von Schneeflecken überdeckt, von denen viele sogar perennierend sind. Der dadurch unterbundene Wärmefluß während des Sommers muß merklich zu den tieferen Bodentemperaturen beitragen. Eine vergleichbare Situation liegt am Norra Klippberget (Pkt. 1716) vor und wird auf Abbildung 28 erfaßt. Das hier aufgenommene Profil BTS5, ebenfalls an einem NE-exponierten Hang gelegen, zeigt stark streuende, aber im allgemeinen doch niedrige BTS-Werte, die den Schluß auf Permafrost erlauben. Drei Werte, welche in Rinnen gemessen wurden, weisen darauf hin, daß Permafrost nur diskontinuierlich vorkommt und in Rinnen mit massiverer Schmelzwasserführung zu fehlen scheint.

Im Gebiet des Talbodens (Abb. 29) und Hangfußes liegen neben den schon erwähnten Profilen BTS1, BTS2 und BTS3 auch BTS12, BTS13a+b, BTS14 und BTS4. Während im zentralen Talbodenbereich die BTS-Werte oft in den Unsicherheitsbereich fallen (BTS4, BTS12, BTS13a) und mittels dieser Methode Permafrost nur für die wenigsten Stellen sicher belegt werden kann, zeigen die am Hangfuß gelegenen Profile BTS2, BTS3 und BTS 13b, daß Permafrost zwar diskontinuierlich, aber doch stark verbreitet ist. Hier scheint ein Zusammenhang mit dem Relief und dem dadurch bedingten zeitlichen Verlauf des Einschneiens gegeben: Eine durchgehende Schneedecke kann sich zuerst im Talbodenbereich aufbauen und hier das Eindringen der winterlichen Kälte verhindern. Eine Unterscheidung in Hangfuß- und Talbodenlagen aufgrund einer den Wärmehaushalt beeinflus-

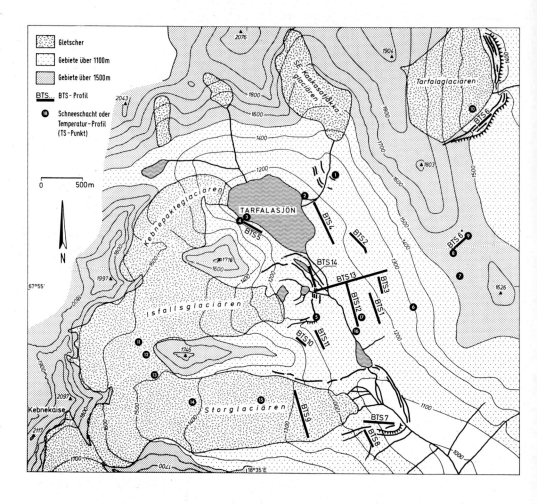

Abb. 27: Höhenschichtenkarte des Testgebietes Tarfala mit der Lage der winterlichen Sondierungsstellen

Fig. 27: Location map of winter sounding sites

Abb. 28: Blick vom Tarfalatjåkka zu Kebnepakteglaciären,
Tarfalasjön und Norra Klippberget

Fig. 28: View from Tarfalatjåkka: Norra Klippberget,
Kebnepakteglaciären and Tarfalasjön

senden Lawinentätigkeit (HAEBERLI, 1975b) entfällt, fehlen doch schneebedeckte steile Hänge, die zur Lawinenbildung Anlaß geben könnten. Kleinere Lawinen wurden nur an den Steilhängen um den Tarfalasjö festgestellt (mündliche Mitt. von V. und H. SCHYTT, Stockholm; B. HOLMGREN, Uppsala und Abisko).

Abb. 29: Talboden bei Tarfalastationen am 10.03.1980, im Mittelgrund die Seitenmoränen des Storglaciären.

Fig. 29: Valley floor at Tarfalastationen in winter.

Im Talboden ist zwar Permafrost mittels der BTS-Methode nicht sicher nachzuweisen, sein lückenhaftes Auftreten mit Temperaturen nahe dem Gefrierpunkt konnte hingegen mit anderen Methoden belegt werden. Die Bildung von Permafrost ist offensichtlich eng mit der Mächtigkeit der Schneedecke verknüpft. Besonders instruktiv zeigen dies BTS12 und BTS 13. Unter der mittels anderer Methoden belegten Annahme, daß sich in diesem Raum aktiver und inaktiver Permafrost mit permafrostfreien Gebieten abwechseln und die mittleren jährlichen Bodentemperaturen bei $0\,^\circ C$ liegen, ließe sich die Mittellinie im Diagramm BTS13 (Abb. 31) wie folgt interpretieren:
- Permafrost scheint nicht vorzukommen, falls die Mächtigkeit der Schneedecke zwischen 1.4 und 2.4 m liegt (Unsicherheitsbereich = ± 30 cm).
- Permafrost tritt regelmäßig an jenen Stellen auf, an denen die winter-

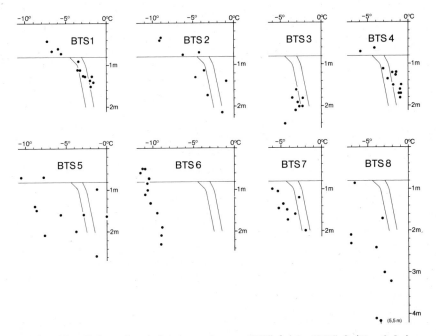

Abb. 30: Schneebasistemperaturen BTS 1 bis BTS 8 (Tarfala)
Fig. 30: Basal temperatures of the snow cover BTS 1 to BTS 8

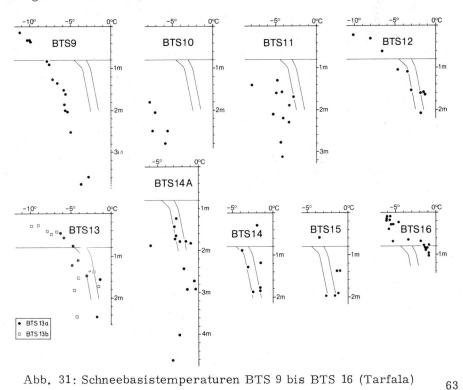

Abb. 31: Schneebasistemperaturen BTS 9 bis BTS 16 (Tarfala)
Fig. 31: Basal temperatures of the snow cover BTS 9 to BTS 16

liche Schneedecke weniger als 1.1 m mächtig ist.
- Ist die Schneedecke mächtiger als 2.4 m, so tritt wiederum Permafrost auf. Es handelt sich hier in der Regel um Stellen, an welchen Schneeflecken bis in den Spätsommer liegenbleiben oder gar ein mächtiger perennierender Schneefleck vorkommt.

Da die BTS-Werte in regelmäßigen Abständen entlang von geraden Profilen gewonnen wurden, und Meßwerte nicht gezielt um sommerliche Schneeflecken gesammelt wurden, ist die Zahl der BTS-Werte bei mächtigerer Schneedecke relativ gering. Die angegebenen Grenzwerte sollen andererseits nur die Tendenz andeuten und nicht überinterpretiert werden. Sie gelten in dieser Größenordnung selbstverständlich nur für den Talboden des Tarfalatales.

Abschließend soll noch versucht werden, mittels der BTS-Werte eine erste Abschätzung der auf der rechten Talseite vorliegenden Bodentemperaturen zu versuchen. Wie in den folgenden Kapiteln durch Einzelmessung belegt und im methodischen Kapitel 7 noch näher beschrieben, besteht eine nicht-lineare Beziehung zwischen der Permafrosttemperatur und der Basistemperatur der winterlichen Schneedecke, falls diese eine Mindestmächtigkeit aufweist (vgl. Abb. 64). Die Profile BTS11 und BTS7 liegen in einem Gebiet, wo die Bodentemperaturen um rund 1 ^{o}C tiefer liegen müssen, als im Bereich der Profile BTS2 und BTS3, wo eine mittlere Bodentemperatur zwischen 0 ^{o} und -1 ^{o}C angenommen werden kann. Auf der rechten Talseite beträgt somit die Permafrosttemperatur in den ENE-Hängen in Höhe von 1050 und 1200 m zwischen -1 ^{o}C und -2 ^{o}C. Das Diagramm von BTS6 am Tarfalaglaciären ist repräsentativ für Stellen mit einer mittleren Bodentemperatur von -4 ^{o}C (vgl. Kap. 3.3). Interessant ist, daß die Werte von BTS10 am NE-Hang des Södra Klippberget auf eine mittlere Bodentemperatur von -3 ^{o}C hinweisen, obwohl die Meßstelle nur 1265 m ü.d.M. liegt. Die Faktoren geringe Einstrahlung und geringe Schneebedeckung bewirken hier am Klippberget eine niedrige Permafrosttemperatur. Auf Messungen in den steilen N-Hängen, wo eine noch niedrigere Bodentemperatur angenommen werden kann, mußte aus Sicherheitsgründen leider verzichtet werden.

3.7 Beobachtungen im Ladtjovagge und bei Nikkaluokta

Das Ladtjovagge (Tal des Ladtjojåkk) zieht südlich des Kebnekaise über die Kebnekaise Fjellstation und den Ladtjojaure (See) nach Nikkaluokta. Hier wurden im Frühjahr 1980 in einem klimatisch interessanten Gebiet verschiedene BTS-Vergleichsmessungen durchgeführt.

Die Jahresmitteltemperatur der auf 470 m ü.d.M. gelegenen Wetterstation Nikkaluokta liegt bei -1.8 ^{o}C. Der Standort dieser Station ist, infolge seiner Lage am Ende von Ladtjovagge und Vistasvagge (Abb. 4), bei winterlichen Inversionslagen extrem kalt. Im Februar 1980 sind, nur wenige Wochen vor unseren Messungen, Lufttemperaturen von -45 ^{o}C registriert worden. Die maximale Jahresamplitude überschreitet hier 65 °C.

3.7.1 Ladtjovagge

Hier wurde am N-exponierten Hang gegenüber der Einmündung des Tarfalavagge das Profil BTS14a gemessen (Tabelle 14). Sechs BTS-Werte deuten darauf hin, daß im unteren Hangbereich bei Neigungen von 10° und 15° auf rund 600 m ü.d.M. Permafrost fehlt (Abb. 31). In einer tiefen Rinne auf rund 660 m Höhe deuten die Sondierungen hingegen auf die Existenz eines perennierenden Schneeflecks (8 BTS-Punkte). Dessen Existenz müßte während einer Sommerbegehung noch verifiziert werden. In einer in der Nähe liegenden Höhle scheint, nach Aussagen von Einheimischen, ebenfalls ein kleiner Eisrest den Sommer jeweils zu überdauern. Sie konnte vom Autor selbst aber nicht besucht werden. Außer solchen sehr seltenen, sporadischen Permafrostvorkommen dürfte der N-exponierte Hang des Ladtjovagge zwischen 600 und 700 m permafrostfrei sein.

3.7.2 Nikkaluokta

Im Gebiet von Nikkaluokta (rund 480 m ü.d.M.) kommt ganzjährig gefrorener Boden in kleinen Palsas von wenigen Dezimetern Höhe vor. Sie wurden schon im Sommer 1974 gemeinsam mit D. Barsch und O. Melander besucht. Unsere Messungen vom März 1980 sollen den extrem starken Wärmefluß illustrieren, welcher hier in einer Schneedecke über sonst permafrostfreiem Untergrund auftritt.
Die Mächtigkeit der Schneedecke in Nikkaluokta betrug in der ersten Märzhälfte "offiziell" zwischen 40 und 45 cm. Extreme Schneeverwehungen konnten in dem recht gut geschützten Raum nicht gefunden werden. An offenen Stellen wurde zwischen 20 und 25 cm Schneehöhe gemessen, im offenen Birkenwald rund 80 cm. Während unserer Messungen am 12./13. März waren die Lufttemperaturen mit Werten zwischen -4° und -24 °C nicht außergewöhnlich niedrig. Die Monatsmitteltemperatur wich 1980 mit -10.7 °C um nur -2.2 °C vom mehrjährigen Mittel ab. Es wurden an zahlreichen Stellen der Temperaturverlauf in der Schneedecke, sowie die Schneedichte und Kristallform aufgenommen (TS18 bis TS23 auf Tab. 13).
Der Temperaturgradient erreicht in allen Temperaturprofilen eine Größe, wie sie sonst nirgends beobachtet werden konnte. Dies führt zum verbreiteten Auftreten von Tiefenreif ("depth hoar") in der Schneedecke. Dabei verdunstet infolge der hohen Temperaturen an der Schneebasis Wasser, welches in den höher gelegenen, kalten Schneeschichten wiederum auskristallisiert. Wasserdampf kann unter Umständen in die Luft entweichen. Es findet allgemein eine Verringerung der Schneedichte statt (W. PATERSON, 1975[3]: 14). Dichtebestimmungen zeigen in einer nur 20 cm mächtigen Schneedecke Werte von 0.24 in der unteren Hälfte, solche von über

0.36 g/cm^3 in der oberen Hälfte. Verdunstung und Rekristallisation führen zum Wachstum von großen Kristallkörnern, die an den untersuchten Stellen 2 bis 6 mm Länge zeigten (vgl. auch LaCHAPELLE, 1969). Die hohe Porosität führt in vielen Fällen zum Zusammenbruch der bis 20 cm mächtigen Tiefenreif-Zone selbst beim nur leichten Berühren (z. B. horizontales Einführen eines Glasthermometers in eine Stichwand). Unter Umständen bilden sich im Verlauf eines Winters mehrere durch dünne Eisschichten getrennte Tiefenreif-Zonen.

Es ergab sich die Gelegenheit, am 12./13. März 1980 die starke isolierende Wirkung einer Schneeschicht zu beobachten. Das Ergebnis zeigt Tabelle 15.

Tab. 15: Temperaturamplitude in 35 cm mächtiger Schneedecke auf See-Eis (Paittasjärvi)

Table 15: Temperature amplitude in snow over sea ice (Paittasjärvi)

Tiefe	Temp. 09^h	Temp. 13.30^h	Amplitude
2 cm	-22 °	-12 °	10 °
7 cm	-20 °	-12 °	8 °
18 cm	-14 °	-10 °	4 °
28 cm	- 8 °	- 5 °	3 °
35 cm	- 3.8 °	- 3.6 °	0.2 °
Luft	-22 °	- 8 °	14 °
Luft	-24 ° (06^h)	- 4 ° (15^h)	20 °

Im gesamten Bereich Ladtjovagge wurden, mit Ausnahme einer begrenzten, uns bekannten Stelle mit wenigen kleinen Palsen, überall BTS-Werte gefunden, die die Existenz von Permafrost ausschließen. Im Talbodenbereich Ladtjovagge und im Bereich Paittasjärvi befinden wir uns somit noch im Bereich des sporadischen Permafrosts. Dieser reicht hier unter 480 m ü. d. M. Erwähnenswert ist schließlich, daß an allen Stellen mit einer Schneebedeckung von etwa 80 cm die Schneebasistemperatur zwischen -2 ° (beschattete Stellen) und -0.7 °C (S-exponierte, stark besonnte Hänge) liegt. Dies bestätigt, daß die minimale Mächtigkeit bei unseren BTS-Messungen auf 80 cm reduziert werden darf.

3.8 Beobachtungen am Torneträsk (Abisko und Stordalen)

Abisko und Stordalen (vgl. Abb. 4) liegen rund 50 km nördlich des Untersuchungsgebietes Tarfala, am über 60 km langen Tornesträsk (Höhe des Seespiegels = 341 m ü. d. M.). Die umliegenden Berge erreichen Höhen von 1400 m und mehr. Hier sollten einige BTS-Messungen das in Tarfala gewonnene Bild der Permafrostverbreitung ergänzen. Zudem wurde in Stordalen mit der gleichen Methode das nur 350 m ü. d. M. gelegene, auch bo-

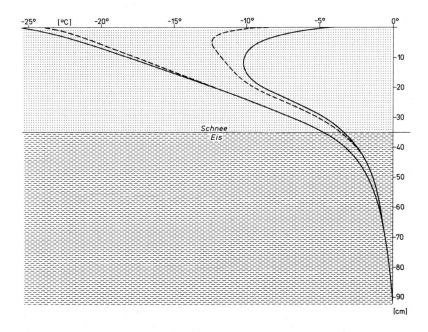

Abb. 32: Temperaturverlauf in der Schneedecke über Seeeis (Paittasjärvi)

Fig. 32: Snow and ice temperatures on Paittasjärvi (March 13, 1980)

tanisch recht gut bekannte Palsafeld untersucht (SONESSON 1969, 1979; ROSSWALL et al., 1975). Einen klimatischen Abriß dieses Raumes geben SONESSON (1980b) und SANDBERG (1965). Eine Übersichtskarte der Verbreitung von Palsas und mit weiteren Permafrostfunden gibt RAPP (1982, Fig. 2).

3.8.1 Abisko und Umgebung

Hier haben täglich durchgeführte Untersuchungen des Temperaturverlaufs in der Schneedecke die in Nikkaluokta erhaltenen Ergebnisse bestätigt. Die Dichte des Schnees betrug hier bei starker Tiefenreif-Bildung im Mittel (!) sogar nur 0.22 g/cm^3. Allerdings betrug die mittlere Schneehöhe in den lichten Birkenwäldern nur 40 cm. Auf die ausführliche Darstellung der Messungen wird hier verzichtet. Im Gebiet des Njulla (1169 m ü.d.M.) wurden zwischen 900 m (TS26, TS27, TS28) und 1050 m ü.d.M. (BTS15) Schneebasistemperaturen gemessen. Die Ergebnisse deuten in der Mehrzahl auf das Fehlen von Permafrost, einige BTS-Werte bei 1025 m ü.d.M. fallen in den methodisch bedingten Unsicherheitsbereich. Permafrost scheint daher in Ebenen in rund 1000 m ü.d.M. nicht vorzukommen, in E- und W-Lagen ist sein Vorkommen möglich (z.B. bei TS28), aber nicht sicher zu beweisen.

3.8.2 Stordalen

Die im Palsamoor bei Stordalen (Abb. 33) durchgeführten Messungen beweisen das Fehlen von Permafrost in den Rinnen zwischen den Palsarücken mit BTS-Werten zwischen -0.5 ^{o}C und -2 ^{o}C (z.B. BTS16). Die Palsarücken sind im Winter in der Regel ohne Schneebedeckung. Nur an wenigen Stellen konnte sich eine Strauchschicht bilden. Messungen an der Basis der dann maximal 40 cm mächtigen Schneedecke ergeben BTS-Werte von -6 ^{o}C. Eine detailliertere Darstellung ist in HOLMGREN & KING (in Vorb.) vorgesehen.

Abb. 33: **Palsas in Stordalen im März 1980.** BTS-Messungen in schneebedeckten Rinnen zwischen den schneefreien Palsas (Stordalen, März 1980).

Fig. 33: Palsa field at Stordalen in March 1980.

3.9 Zusammenfassung der Ergebnisse aus dem Untersuchungsraum Kebnekaise/Abisko

Der größte Teil der Resultate wurde im Testgebiet Tarfala gewonnen. Trotz der großen Zahl der Meßergebnisse ergeben sich bei einer Festlegung der Untergrenze der Permafrostvorkommen nach verschiedenen Lagen und Expositionen Schwierigkeiten. Das vorgegebene Relief der Untersuchungsgebiete bewirkt, daß bestimmte Expositionen bevorzugt auftreten, andere fehlen. Zudem sind die zu untersuchenden Hangneigungen weitgehend vorbestimmt. Im Testgebiet Tarfala fehlen zudem Höhenlagen unter

1000 m ü. d. M.
Bei der nachfolgenden Gliederung soll versucht werden, die Größenordnung der Permafrostuntergrenze für begünstigte Hanglagen (NW-, N- und NE-Hänge) und ungünstige Lagen (SW-, S-, und SE-Hänge) festzulegen. Eine Sonderstellung nimmt der Talbodenbereich ein, aus dem die meisten Messungen vorliegen. Extreme Lagen, wie steile N- oder S-Wände, können bei unseren Grenzziehungen nicht berücksichtigt werden, da in diesen keine Messungen durchgeführt werden konnten.

An NE-exponierten Hängen muß die Untergrenze der Permafrostverbreitung unterhalb 1050 m liegen, da in der blockgletscherartig entwickelten rechten Seitenmoräne des Storglaciären ein mächtigerer Permafrostkörper vorkommt. Da andererseits gewisse Ausschmelzerscheinungen zu erkennen sind, kann die Untergrenze nicht wesentlich tiefer liegen; wir möchten sie für eine vergleichbare Situation in N-Lagen auf 900 bis 950 m festlegen. Dieser Grenzwert wird im Gebiet der Kebnekaise Fjällstation dadurch gesichert, daß ein genau nach N ausgerichteter Hang zwischen 600 und 750 m permafrostfrei ist. Ein in extremer Lage vorkommender kleiner Permafrostfleck darf als sporadisches Vorkommen angesprochen werden. Solche sind in den stark vermoorten Ebenen außerhalb des Kebnekaise-Gebirges noch in 480 m (Nikkaluokta) und sogar 350 m ü. d. M. (Stordalen am Torneträsk) anzutreffen.

Im Talbodenbereich des Tarfalavagge ist in der Regel Permafrost in den im Winter schneefreien Kuppen anzutreffen (vgl. auch KING, 1976), nur in wenigen untersuchten Kuppen könnte er fehlen. Die aktiven Vorkommen scheinen keine größere Mächtigkeit zu besitzen. Die Talflächen, welche über große Strecken hinweg eine 1 m bis 2.5 m mächtige Schneebedeckung aufweisen, sind dagegen nicht von aktivem Permafrost unterlegt, hingegen scheint Reliktpermafrost vorzukommen. An besonders ungünstigen Stellen für Permafrost sind sogar positive mittlere Bodentemperaturen zu registrieren. Die Untergrenze der Verbreitung von Permafrost in schneefreien Kuppen und Kämmen scheint im Bereich der Forschungsstation zu liegen und wird daher auf 1100 bis 1150 m festgelegt. Dieser Wert könnte auch für das Gebiet Abisko zutreffen, da vergleichbare Lagen in 1050 m ü. d. M. noch permafrostfrei sind.

Der Testhang Tarfala mit unseren Bodentemperaturmeßstellen scheint etwas kälter zu sein, was durch seine Schneefreiheit während des ganzen Winters verursacht wird. Die Untergrenze der Verbreitung von Permafrost an diesem W bis WSW-exponierten Hang mit einer Neigung von 20° kann nach den Ergebnissen unserer Bodentemperaturmessungen auf 950 bis 1000 m extrapoliert werden (Abb. 18).

An S-Hängen muß die Untergrenze der Verbreitung von Permafrost über dem Talbodenbereich von 1200 m liegen, allerdings fehlen Messungen in den extrem steilen S-Hängen beim Tarfalasjön. Nach HAEBERLI (1982: Abb. 3) liegt die Untergrenze der Permafrostverbreitung an S-Hängen in derselben Höhenlage wie bei schneebedeckten Talmulden, wo eine Schneedecke größerer Mächtigkeit den Boden vor dem winterlichen Auskühlen bewahrt. Nach unseren Beobachtungen in den seltenen Mulden und Rinnen auf der Hochfläche SW des Tarfalaglaciären ist in Höhenlagen um 1450 m bei einer Schneehöhe von 2 m schon mit der Bildung von perennierenden Schneeflecken zu rechnen, unter denen Permafrost vorkommt. Andererseits zeigen die BTS-Werte, daß bei einer Schneedeckenmächtigkeit von 1.5 m ebenfalls Permafrost existieren muß. Die Untergrenze für S-Hänge und schneebedeckte Muldenlagen muß unter 1500 m liegen, andererseits sicherlich über 1300 m ü.d.M. und wird daher auf rund 1400 m bis 1450 m ü.d.M. geschätzt.

Im Talboden Tarfalavagge konnten mächtigere Reliktpermafrostvorkommen nachgewiesen werden (vgl. Ergebnisse von G1, T34, S75/76, S89/90 etc.). Seine Untergrenze ist allerdings nicht zu fassen. Die Lage der Obergrenze in 10 m Tiefe macht es wahrscheinlich, daß der Vorgang des langsamen Abschmelzens schon seit einigen Jahrzehnten stattfindet. Es ist vernünftig, die Entstehungszeit in der kleinen Eiszeit zu vermuten. Neben dem um rund $2^{o} - 3^{o}C$ kühleren Klima können auch lokalklimatische Faktoren dazu beigetragen haben, lagen doch die Zungen mehrerer Gletscher nur wenige 100 m von diesen Permafrostvorkommen entfernt. Als wesentliches Resultat bleibt festzuhalten, daß mit dem Auftreten von Reliktpermafrost zu rechnen ist. Dies darf in ähnlicher Form auch in den übrigen Untersuchungsräumen erwartet werden.

4. Der Untersuchungsraum Lyngen

4.1 Die Lyngen-Halbinsel

Das Gebiet der Lyngen-Halbinsel (Abb. 34) ist durch einen reichen glazialen und periglazialen Formenschatz gekennzeichnet (vgl. z.B. CORNER 1978, und dort zitierte Literatur), die hier vorkommenden Formen sind jedoch nur punktuell untersucht worden. Ein umfangreiches morphologisches Inventar wird zur Zeit im Geographischen Institut der Universität Oslo erstellt (mündl. Mitt. J.-L. SOLLID). Glaziologische Daten finden sich im nordskandinavischen Gletscherinventar (ØSTREM et al., 1973: 173 f.). Die mittlere jährliche Niederschlagssumme beträgt nach WALLÉN (in SØMME, 1974) zwischen 700 und 1000 mm, doch ist zu berücksichtigen, daß sich die vorhandenen Meßstellen für Niederschlag ausschließlich in Küstennähe befinden und keine Meßwerte aus dem über 1800 m ü.d.M. hoch reichenden Gebirge bekannt sind (vgl. Tab. 1). Die Vergletscherungsgrenze (nach ENQUIST, 1916: vgl. dazu ØSTREM, 1964: 327 f.) liegt zwischen 1050 m ü.d.M. im Norden und 1250 m ü.d.M. im Süden der Halbinsel (ØSTREM et al., 1973: 76). Die mittlere Gletscherhöhe liegt im N der Halbinsel unter 700 m und erreicht bei den höchsten Erhebungen des

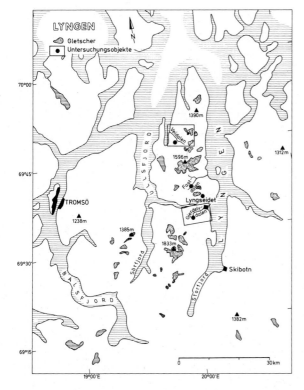

Abb. 34:
Der Untersuchungsraum Lyngen mit den Testgebieten (vgl. Abb. 36, 37)

Fig. 34:
Map of investigation region Lyngen

Jaeggevarre-Gebietes über 1200 m ü.d.M. Die tiefsten Gletscherzungen reichen in N-exponierten Canyons sogar auf weniger als 300 m ü.d.M. hinab. Mehrere auch heute noch existierende Gletscher fehlen auf der topographischen Karte 1:50 000, Lyngen 1634 III (z.B. die Gletscher U12, U13, L95 des Gletscherinventars).

4.2 Der morphologische Formenschatz

Das Veidal zieht von der Siedlung Sörlenangen, am gleichnamigen Meeresarm gelegen, bis zum Veidalstind (1240 m) und zum Reindalstind (1327 m) hoch. Auch hier ist das ganze Tal mit markanten glazialen und periglazialen Formen ausgestattet. Mächtige Moränenwälle unterschiedlichen Alters erstrecken sich bis zum Talausgang (Abb. 35). In die Grundmoränendecke sind eindeutige Toteislöcher eingesenkt. GRIFFEY & WHALLEY (1979) beschreiben einen fossilen bzw. inaktiven Blockgletscher im mittleren Veidal, der nach ihren Vorstellungen in der Mitte des letzten Jahrhunderts aus einem mit Blockwerk überschütteten Gletscher entstanden, mit einer Geschwindigkeit von 8 m pro Jahr in das Veidal geflossen und dort kurz vor 1954 ausgeschmolzen sein soll. Diese Feststellungen sind leider genetisch und zeitlich mehr als fragwürdig, handelt es sich doch im wesentlichen um eine Bergsturzmasse, die mit Sicherheit deutlich älter ist. Die vorhandenen Blöcke umfassen in der Regel ein Volumen von 1 m^3 und mehr, und wiederholt sind auch Blöcke von über 100 m^3 Volumen anzutreffen. Die rund 20 m hohe Stirn der Schuttzunge ist 30 bis 32 $^\circ$ steil und dicht überwachsen, und im zentralen Teil der Schuttmasse wachsen Heidelbeeren,

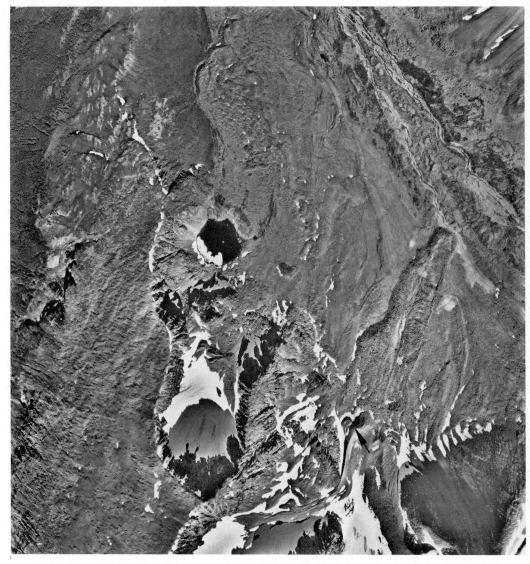

Abb. 35: Die großen Schuttmassen des Veidalen stammen von Gletschern, Blockgletschern und Bergstürzen. Die Sondierungsstelle G11 befindet sich in den historischen Moränen am rechten Bildrand (Pfeil).

Fig. 35: Aerial photo of Veidalen (77-08-03)

Rauschbeeren und Weiden. Die größte Weide besitzt eine Höhe von drei
Metern und einen Stammdurchmesser von 7.5 cm. Im untersten Bereich
der Schuttzunge zeigen die zwischen Heidelbeeren und Rauschbeeren her-
ausragenden Blöcke vollständige Flechtenbedeckung. Thalli von Rhizocarpon alpicola (als Sekundärbesiedler, vgl. KING et al., 1973) erreichen
Durchmesser von 30 bis 50 cm. Das ganze Erscheinungsbild beweist, daß
diese Schuttmasse seit mehr als hundert Jahren immobil ist.

Daneben existieren auch echte Blockgletscher, so entlang dem
Olderelv, wo eine rund 200 m breite, zwischen 20 und 35° steile, be-
wachsene Stirn auf 300 m ü.d.M. endet (Abb. 36). Aktive Solifluktion ist
am E-exponierten Hang des Bergrücken Stortuva (450 m ü.d.M.) zu beobachten, wobei mächtige, rund 4 m breite Zungen in der Regel Stirnhö-
hen von rund 50 cm aufweisen. An zwei Stellen wurde die über 2 m mächtige Stirn von Erdströmen aufgegraben. Sie zeigen einen komplizierten
Aufbau mit eingewickelten fossilen Bodenhorizonten (vgl. FURRER et al.,
1975). Material zur Datierung wurde entnommen, das Ergebnis steht aber
noch aus. Am rechten Talhang verlaufen fast höhenlinienparallel zwei bis
drei Blockschuttwälle (ehemalige Seitenmoränen?), wobei der untere Wall
stabil und bewachsen erscheint, die oberen Wälle einen steilen und vege-
tationslosen, mobilen Eindruck erwecken. Das Gebiet konnte leider nicht
näher untersucht werden.

Ein ähnlich reicher Formenschatz ist auch in den S des Veidal liegenden
Tälern Strupskard und Stortinddal zu finden. Nach mündlicher Mitteilung
von G. CORNER (Tromsö) durchqueren an anderen Stellen fossile Blockgletscher die Tromsö-Lyngen-Moränen aus der jüngeren Dryas und reichen gar bis zum Meeresspiegel. Trotz mehrerer Arbeiten über den allgemeinen Ablauf des spät- und postglazialen Gletscherrückzugs (vgl. z.B.
ANDERSEN 1972, 1979) sind viele Gegenden bisher kaum begangen und
bieten, dank der einzigartig reichen Morphologie, eine gute Ausgangslage
für erfolgreiche wissenschaftliche Arbeiten.

4.3 Ergebnisse geophysikalischer Arbeiten im Veidal und Gjerdelvdal

An sechs Stellen wurden im mittleren Veidal (Abb. 36) insgesamt 46 Bodentemperaturfühler eingebracht (T101 bis T106). Sie sollten Aufschlüsse
über die hier herrschenden Bodentemperaturen geben. Ablesungen wurden
am 29.8.1979, am 21. März sowie am 25. August 1980 durchgeführt. Im
Bereich des fossilen Blockgletschers Olderelva (320 bis 350 m ü.d.M.)
wurde in rund 180 cm Tiefe eine mittlere Temperatur zwischen $+3^\circ$ und
$+4\,^\circ C$ gemessen, wobei die jährliche Amplitude zwischen 9° und $14\,^\circ C$
betrug. Die mittlere Bodentemperatur in einer exponierten Seitenmoräne
auf 290 m ü.d.M. wurde gar auf $+5\,^\circ C$ geschätzt. Diese Temperaturen
finden bei der Interpretation der BTS-Werte Verwendung.

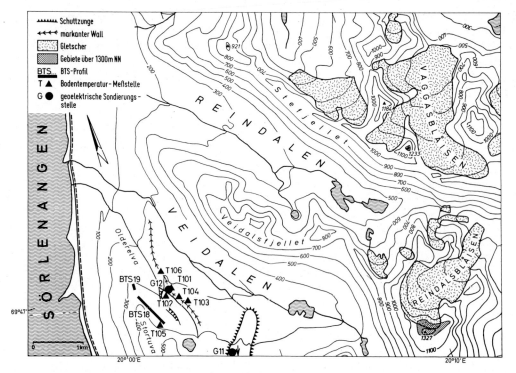

Abb. 36: Veidalen mit Lage der wichtigsten Sondierungsstellen

Fig. 36: Map of test area Veidalen

Die geoelektrische Sondierungsstelle G12 liegt auf 300 m ü. d. M. beim Temperaturmeßpunkt T101. Sie zeigt eine trockene, 3.5 m mächtige Oberflächenschicht mit 3000 Ohm-m, eine feuchte Zwischenschicht mit rund 900 Ohm-m und einen Anstieg auf über 30 000 Ohm-m, wahrscheinlich durch die in 28 m Tiefe liegende Felssohle bedingt.

Die Sondierung G11 wurde zwischen 500 und 550 m ü. d. M. auf der linken Seitenmoräne des über dem beschriebenen Bergsturzareal gelegenen Gletschers durchgeführt (Gletscher "Ullsfjord Nr. 11" in ØSTREM et al., 1973). Oberflächennaher Permafrost kann auch hier mit Sicherheit verneint werden, ergeben sich doch für die obersten 15 m spezifische Widerstände von 4000 Ohm-m. Der danach folgende Anstieg auf 30 000 Ohm-m ist nicht eindeutig zu interpretieren und kann sowohl durch Fels, gefrorenes Sediment oder Lateraleffekte bedingt sein. Aktiver Permafrost kann auch hier trotz der extremen, N-exponierten Lage ausgeschlossen werden, da auch einige seismische Arbeiten belegen, daß Permafrost unterhalb 600 m ü. d. M. fehlt (S121-S124). Die Ergebnisse werden für eine Abschätzung des Schuttvolumens an anderer Stelle verwendet (KING, in Vorb.) und hier nicht weiter

kommentiert.
Im Gjerdelvdal (Abb. 37) wurden steile Blockschuttzungen hammerschlagseismisch untersucht. Die Profile S167 bis S170 zeigen, daß an den steilen W-exponierten Hängen in rund 900 m der Hangschutt ab 3 bis 4 m Tiefe gefroren ist. Die Hänge wurden im nachfolgenden Winter mit BTS-Messungen kartiert.

4.4 Die Ergebnisse der BTS-Messungen in Lyngen

Die BTS-Messungen in Lyngen wurden im März 1980 im Anschluß an unsere Arbeiten im Untersuchungsraum Kebnekaise/Abisko vorgenommen. Beeindruckend waren die klimatischen Unterschiede zwischen diesen beiden Untersuchungsräumen und ihre Folgen: Eine über 1 m mächtige Eisdecke auf Paittasjärvi und Torneträsk bei Lufttemperaturen von z.T. unter $-25°C$, dagegen der eisfreie Lyngenfjord (Abb. 38) bei Lufttemperaturen um den Gefrierpunkt. Im Untersuchungsraum Lyngen wurden die BTS-Profile Nr. 17-24 aufgenommen und zudem, meist in Schneeschächten, an weiteren 4 Punkten die Temperaturverteilung in der Schneedecke und auch die Schneebasistemperatur gemessen (TS31 bis TS34). Untersucht wurden permafrostverdächtige Stellen in relativ niedrigen Höhen.

Bei den Profilen BTS17, BTS18 und BTS19 kommt mit Sicherheit kein Permafrost vor. Die BTS-Werte liegen fast alle zwischen $0°$ und $-1°C$ und somit weit vom methodischen Unsicherheitsbereich entfernt (Abb. 39). Gemessen wurden Stellen, an denen von Einheimischen über Frostboden berichtet wurde. Im Fastdal (BTS17) handelt es sich um E- und N-exponierte Hänge, sowie um Paßlagen in rund 440 m ü.d.M. (vgl. Abb. 34), im Veidal um E-exponierte Solifluktionshänge in 360 m ü.d.M. (BTS18), sowie um einen steilen N-exponierten Hang in gleicher Höhe. Auch auf dem Råttenvikfjell zeigen die Profile BTS21 und BTS20, daß auf 560 bzw. 600 m ü.d.M. (an einem leicht E- bzw. N-exponierten Hang) Permafrost nicht vorkommt. Auffallend bei diesen Sondierungen in permafrostfreien Lagen ist, daß die Mittellinie durch die Meßpunkte mit zunehmender Höhe über NN ebenfalls eine tiefere Lage einnimmt. Sie spiegelt offensichtlich die Bodentemperaturen wider. Bei einer Schneehöhe von 1.5 m zeigt sie in 360 m ü.d.M. (BTS18) einen Wert von $-0.3°C$, in 560 m ü.d.M. (BTS21) einen Wert von $-0.7°C$ und an einem N-Hang in 600 m ü.d.M. (BTS20) einen Wert von $-1.2°C$. Die Bodentemperaturen an diesen Stellen werden etwa auf $+2°$, $+1.5°$ und $+1°C$ geschätzt.

BTS22 bis BTS24 wurden im oberen Gjerdelvdal gemessen. Die Meßpunkte streuen bei allen Profilen recht stark und deuten auf unterschiedliche Verhältnisse bezüglich der Bodentemperaturen. Bei BTS22 wurde während der Aufnahmen im Feld im zweiten Profilabschnitt, aufgrund des größeren Eindringwiderstandes der Temperatursonde, ein perennierender Schneefleck vermutet. Die entsprechenden Punkte sind im Diagramm besonders gekennzeichnet. Bei dieser Unterscheidung zeigt sich nun, daß unmittel-

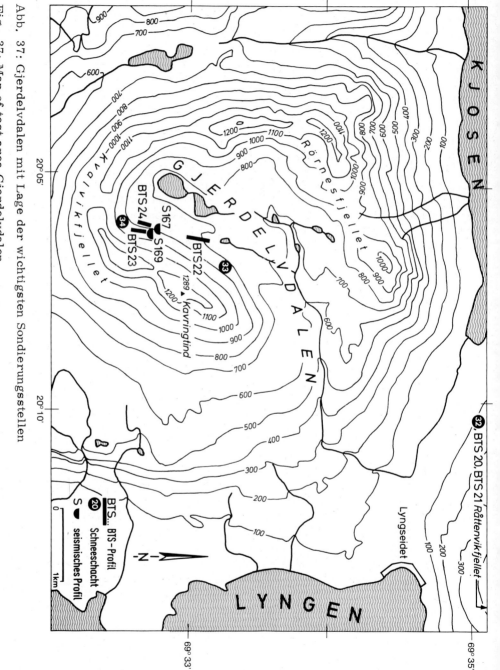

Abb. 37: Gjerdelvdalen mit Lage der wichtigsten Sondierungsstellen
Fig. 37: Map of test area Gjerdelvdalen

Abb. 38: Blick über den eisfreien Lyngenfjord zum Kafjord
im März 1980
Fig. 38: View over the ice-free Lyngenfjord in March 1980

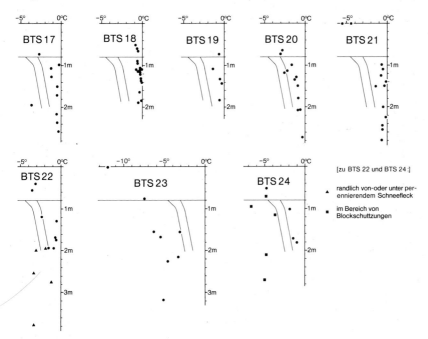

[zu BTS 22 und BTS 24:]

▲ randlich von-oder unter perennierendem Schneefleck

● im Bereich von Blockschuttzungen

Abb. 39: Schneebasistemperaturen BTS 17 bis BTS 24 (Lyngen)
Fig. 39: Basal temperatures of the snow cover BTS 17 to BTS 24 (Lyngen)

bar am Rand und unter dem vermuteten perennierenden Schneefleck die
Basistemperaturen auf Permafrost hinweisen, die übrigen Lagen dieser
auf 780 m ü.d.M. gelegenen Mulde am W-Hang des Kavringtind permafrostfrei sind. Wesentlich niedrigere Schneebasistemperaturen treten am
150 m höher gelegenen 25° bis 30° steilen, NW-exponierten Hang im hintersten Gjerdelvdal auf. Permafrost kommt hier in 930 m ü.d.M. durchgehend entlang der Profillinie BTS23 vor, wobei an einigen Punkten auch
der Schluß auf Bodentemperaturen, die deutlich unter dem Gefrierpunkt
liegen, erlaubt ist. BTS24 wurde parallel dazu, jedoch rund 50 m tiefer
gemessen. Das Profil verläuft durch Blockschuttzungen, an die sich eine
Rinne anschließt. Die BTS-Messung beweist, daß es sich bei den Blockschuttzungen um gefrorene Blockschuttkörper handeln muß, die sich nach
unserer Ansicht plastisch deformieren. Die in der nachfolgenden Rinne
gemessenen Punkte ergeben Werte nahe am Unsicherheitsbereich, und
die mittleren Bodentemperaturen dürften demzufolge hier in rund 850 m
ü.d.M. um den Gefrierpunkt liegen.

4.5 Ergänzende Beobachtungen und Zusammenfassung der Ergebnisse aus dem Untersuchungsraum Lyngen

Im Veidal und Fastdal konnte die Untergrenze des diskontinuierlichen Permafrostes nirgends erreicht werden. Sporadischer Permafrost könnte an
kleinen Flecken einzig in der Bergsturzmasse im mittleren Veidal auf
rund 350 m bis 500 m ü.d.M. vorkommen. Die Permafrostgenese darf
hier mit jener in Eishöhlen verglichen werden (BARSCH, 1977: 128;
HAEBERLI, 1978: 381). Die Winterkälte wird dabei durch Schneefall in
die Hohlräume zwischen den oft über 100 m^3 großen Blöcken gebracht.
Im Sommer reicht weder die geringe Bewetterung, noch der Wärmefluß
aus dem Erdinnern aus, um solche Stellen über den Gefrierpunkt zu erwärmen. Es soll betont werden, daß es sich nur um wenige Stellen mit
sporadischem Permafrost in extremen Situationen handeln kann.

Die Untergrenze des Vorkommens von diskontinuierlichem Permafrost
konnte im Gjerdelvdal für rund 30° steile N- und NW-Hänge auf 950 m
festgelegt werden. Im Bereich perennierender Schneeflecken wurde Permafrost schon auf 780 m ü.d.M. angetroffen. Es dürfte sich dabei um
sporadische Vorkommen handeln.

Im Gebiet des Falsnesfjell S von Skibotn deuten zahlreiche perennierende
Schneeflecken darauf hin, daß in 1100 m ü.d.M. die Untergrenze der Permafrostvorkommen in hochgelegenen Verflachungen überschritten sein
dürfte (vgl. dazu unsere Erfahrungen im Sognefjell-Gebiet, Kap. 5.5.4).
Die Vergletscherungsgrenze liegt mit rund 1150 m ü.d.M. nur wenig
darüber. Die potentiellen Gebiete mit Permafrost dürften dementsprechend
im Untersuchungsraum Lyngen größtenteils vergletschert sein (vgl. dazu
die Höhenschichten in Abb. **36**, Veidalen). Im Testgebiet Gjerdelvdalen
reichen nur wenige steile Grate über 1100 m Höhe empor und Höhen über
1300 m fehlen völlig.

5. Der Untersuchungsraum Jotunheimen

Eine Einführung in den Untersuchungsraum Jotunheimen wurde schon in Kapitel 2.2 gegeben.

5.1 Lage der Testgebiete Juvasshytta, Leirvassbu und Sognefjell

In Jotunheimen (Abb. 40) wurden drei räumliche Schwerpunkte ausgewählt: Die Testgebiete Juvasshytta, Leirvassbu (Karte 1:50 000, Visdalen 1518 II) und Sognefjell (Blatt Sygnefjell 1518 III). Das Testgebiet Juvasshytta (vgl. z.B. Abb. 40, 41 und 42) liegt nur 5 km NE des Galdhöpigg, dem mit 2469 m ü.d.M. höchsten Punkt Nordeuropas. Im zentralen Teil des Gebietes erstreckt sich um den See Juvvatn auf 1840 m eine Verflachung, die zu großen Auslagen bei geoelektrischen Sondierungen einlud. Weitere Untersuchungen konzentrierten sich um die Juvasshö (1700 bis 1881 m) sowie um die Galdehö (2223 m ü.d.M.).

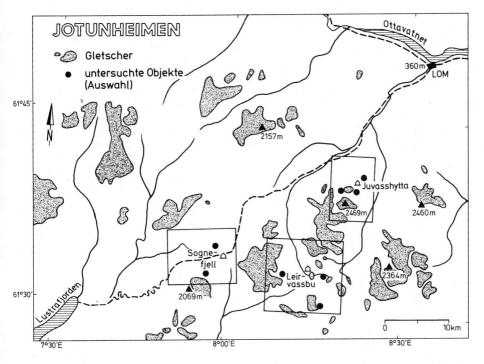

Abb. 40: Der Untersuchungsraum Jotunheimen mit Testgebieten (vgl. Abb. 42, 44 und 49)

Fig. 40: Map of investigation region Jotunheimen

Ergebnisse aus tiefer gelegenen Gebieten wurden im 15 km SSW davon gelegenen Testgebiet Leirvassbu gewonnen (Abb. 44). Es umfaßt ausgedehnte

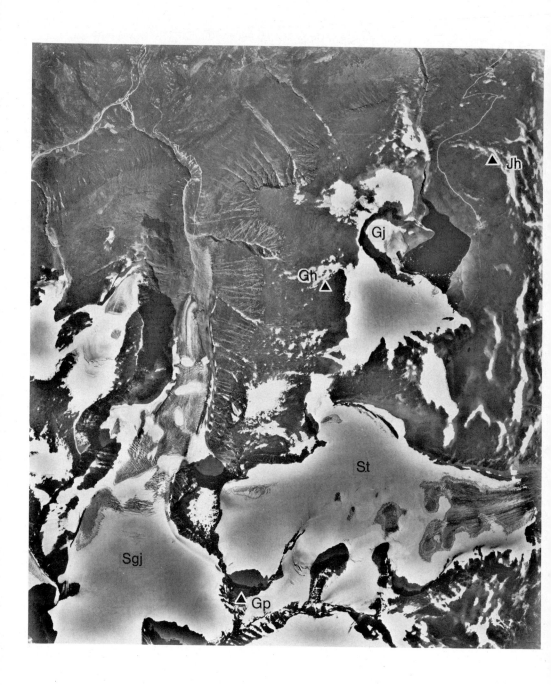

Talflächen und Hänge unterschiedlicher Steilheit und Exposition. Die Untersuchungen konzentrierten sich hier auf das Tal Tverrbyttnede (1250 bis 1700 m ü. d. M.), das Gebiet um Leirvassbu (1300 bis 1400 m ü. d. M.), sowie die N- und W-exponierten Hänge des Kyrkio (2032 m ü. d. M.).

Eine vermittelnde Stellung nimmt das 15 km W davon gelegene Sognefjell (Abb. 49) ein, wo, im Unterschied zu Leirvassbu, sehr exponierte Hochflächen und Hügelkuppen zwischen 1400 und 1500 m ü. d. M. liegen. Hier wurden vor allem BTS-Messungen durchgeführt.

Die nächstgelegene Wetterstation befindet sich auf dem Sognefjell und ist seit 1979 in Betrieb. Vor diesem Datum stehen uns die Wetterdaten der bis 1979 bestehenden, auf 2062 m ü. d. M. gelegenen Station Fannaråki zur Verfügung. Weitere Stationen liegen entlang der Straße, die den Sognefjord mit Lom verbindet (z. B. Böverdal). Diese Stationswerte sind jedoch nur begrenzt verwendbar, da die im Talboden liegenden Standorte eine für Hochgebirgsklimate typische Leelage mit extrem niedrigen Niederschlagswerten darstellen. Dagegen beträgt die mittlere jährliche Niederschlagssumme in den höheren Lagen mehr als 1500 mm im W (Sognefjell) und unter 1000 mm im E (Juvasshytta). ØSTREM et al. (1969) geben die Vergletscherungsgrenze mit 1950 bis 2000 m ü. d. M. an, die mittlere Gletscherhöhe liegt bei etwa 1850 m. Eine Gletscherkarte des gesamten Gebietes findet sich in ØSTREM (1960).

5.2 Ergebnisse der Bodentemperaturmessungen im Untersuchungsraum Jotunheimen

5.2.1 Zur Interpretation der Ergebnisse

Aus Tabelle 16 kann die Lage der Temperaturmeßstellen und deren Bestückung entnommen werden (vgl. auch Abb. 42 und Abb. 44). Im Vergleich zum Testgebiet Tarfala konnten hier keine monatlichen Ablesungen gemacht werden, doch wurde versucht, durch mehrfache Ablesungen zu einem möglichst späten Ablesungszeitpunkt sowohl im Sommer als auch im Winter, die maximalen und minimalen Bodentemperaturen eines Jahres und damit auch einen Anhaltspunkt zur Abschätzung der mittleren Bodentemperatur zu erhalten (vgl. dazu Kapitel 3.3.1).

Abb. 41: Luftaufnahme des Testgebietes Juvasshytta (rechte Bildhälfte) mit Galdhöpiggen (Gp), Styggebreen (St), Gjuvbreen (Gj) und Storgjuvbreen (Sgj). Auf der Aufnahme vom 21.7.1966 sind die mächtigen Schneefelder in Leelagen unterhalb der Galdehöe (Gh) und Juvasshöe (Jh) zu erkennen. Sie zeigen einen hellen, vegetationsfreien Saum, der auf die ehemals wesentlich größere Ausdehnung hinweist.

Fig. 41: Aerial photo of the Juvasshytta/Galdhöpigg area

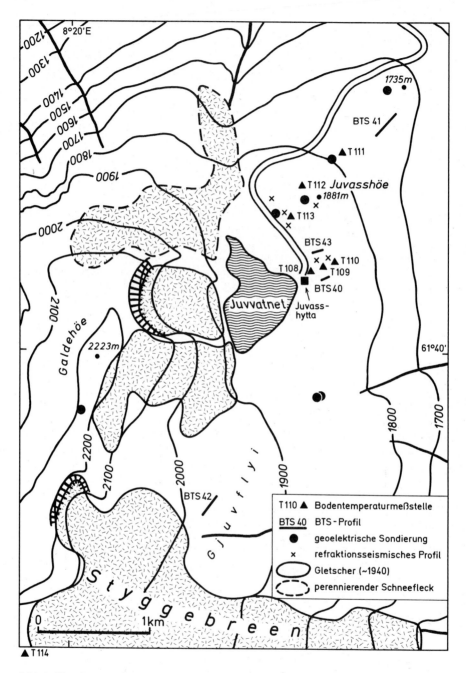

Abb. 42: Karte des Testgebietes Juvasshytta
Fig. 42: Map of test area with sounding sites

Tab. 16: Wichtigste Angaben zu den Bodentemperatur-Meßstellen im Untersuchungsraum Jotunheimen.

Table 16: Soil temperature at test sites in Jotunheimen.

Nr.	Ort	Exposition	Höhe (m ü.M.)	Zahl der Fühler	Tiefe in cm	Ablesungen im: Herbst 1977	Herbst 1980	März 1981
T2	Högvaglbreen, Moräne	N	1425	2	160	x	x	-
T3	Högvaglbreen, Moräne	NE	1445	2	400	x	x	-
T4	Högvaglbreen, Moräne	NE	1435	2	180	x	x	-
T5	Högvaglbreen, Moräne	N	1420	3	150	x	x	-
T7	Högvaglbreen, Moräne	NNE	1410	2	180	x	x	-
T61	Tverrbytnede, Moräne	NW	1415	4	210, 205, 185, 160	-	x	-
T62	Tverrbytnede, Moräne	NW	1425	4	200, 195, 170, 100	-	x	-
T8	Juvasshytta	-	1838	2	160, 110	x	x	-
T108	Juvasshytta	-	1838	4	170, 130, 90, 50	-	x	x
T9	Juvasshytta	-	1835	2	145, 95	x	x	-
T109	Juvasshytta	-	1835	7	180, 150, 120, 90, 60, 30, 0	-	x	x
T10	Juvasshytta	E	1825	2	125, 75	x	x	-
T110	Juvasshytta	E	1825	4	175, 135, 95, 55	x	x	x
T111	Juvasshö, Schneefeld	NE	1790	5	180, 160, 110, 60, 10	-	x	-
T112	Juvasshö, Kuppe	-	1880	4	120, 80, 40, 0	-	x	x
T113	Juvasshö, Schuttzunge	NE	1855	4	150, 100, 50, 0	-	x	x
T114	Galdhöpiggen	S	2430	7	100, 70, 30, 0	-	x	-

Total: 14 Meßstellen, 60 Thermistoren

x) An den angegebenen Ableseterminen sind in der Regel mehrere Ablesungen in etwa einwöchigem Abstand durchgeführt worden. Die Ablesungen im September 1980 verdanke ich Frau R. Sørum, Oslo.

5.2.2 Permafrostvorkommen und Auftautiefen

Auf dem Galdhöpigg wurde Mitte August 1980 die Bodentemperaturmeßstelle T114 eingerichtet. Mit dem untersten Meßfühler wurde dabei die maximale Auftautiefe von 100 cm gerade erreicht. Am 10. September 1980, also rund drei Wochen nach dem Einbau, war der unterste Fühler schon wieder eingefroren und zeigte -0.4 °C; am gleichen Tag setzte starker Schneefall ein. Die Stelle konnte im März 1981 leider nicht begangen werden, da stürmische Winde bei Temperaturen unter -20 °C eine Besteigung verhinderten. Die mittlere jährliche Lufttemperatur dürfte hier ungefähr -8.2 °C betragen, die MAAT der 24 km SW davon gelegenen, mit 2062 m ü.d.M. höchsten nordeuropäischen Wetterstation Fannaråken betrug während der letzten Normalperiode -5.6 °C. Im Gebiet Galdhöpigg dürfte auf gleicher Höhe, infolge der größeren Entfernung vom Sognefjord, die MAAT um mindestens 0.5 °C tiefer liegen (vgl. Gradient in Abb. 70 und Tab. 16).

Aus dem Raum Juvasshytta/Juvasshö (Abb. 42) haben wir durch zahlreiche Messungen detailliertere Angaben über Bodentemperaturen erhalten. Die abgelesenen Werte zeigt die Tabelle 17. Die Mächtigkeit der Auftauschicht betrug im Herbst 1980 im Zentrum der feinmaterialreichen Polygone etwa

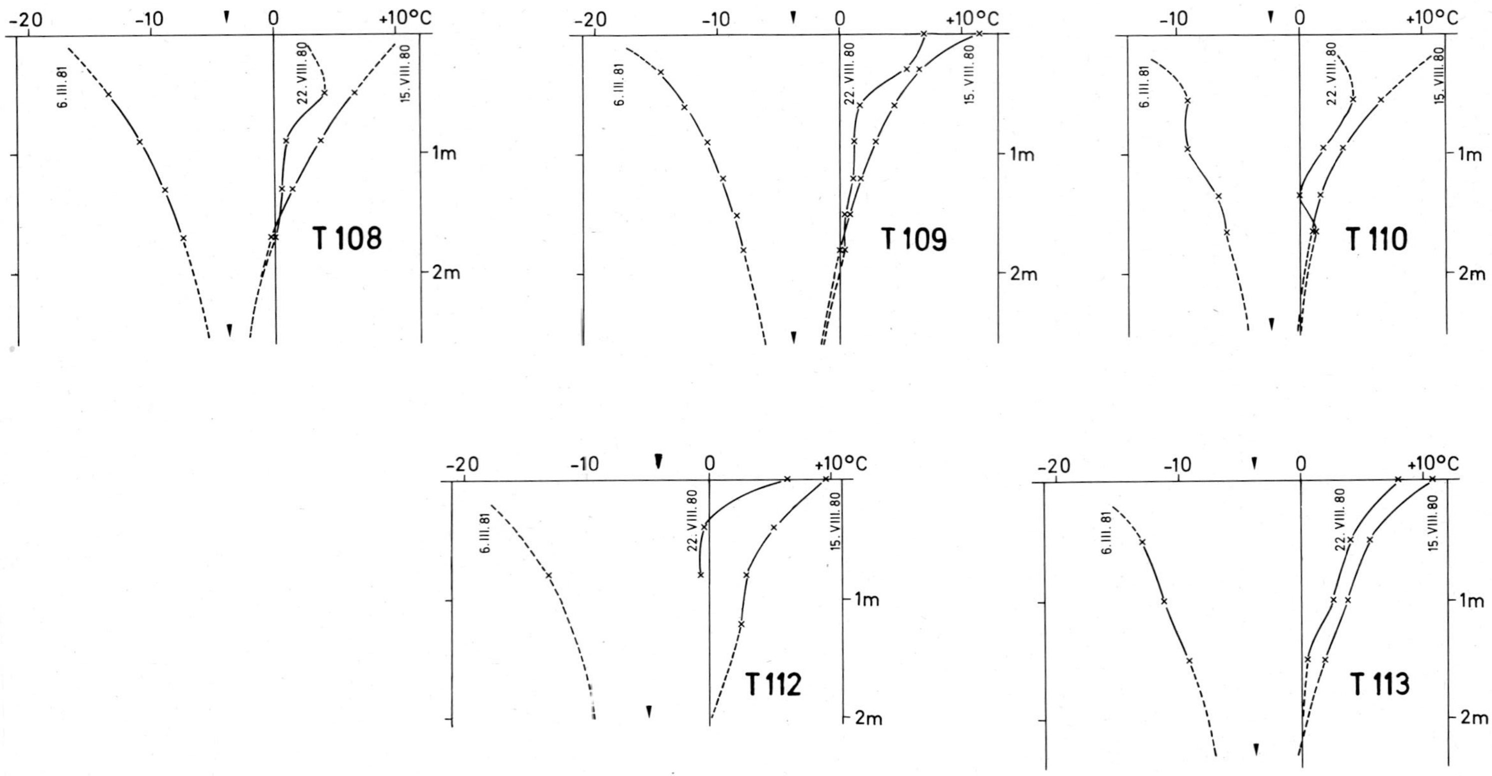

Abb. 43: Bodentemperaturen auf Juvasshytta
Fig. 43: Soil Temperatures at Juvasshytta

Tab. 17: Bodentemperaturen (in °C) in Juvasshytta
Table 17: Soil temperatures (test area Juvasshytta)

a: Meßstelle T108 ("Juvasshytta 1")

	50 cm	90 cm	130 cm	170 cm
15.08.1980	+ 6.6	+ 3.8	+1.5	-0.2
22.08.1980	+ 4.1	+ 1.0	+0.6	-0.1
06.03.1981	-13.4	-11.0	-8.9	-7.4

b: Meßstelle T109 ("Juvasshytta 2")

	0 cm	30 cm	60 cm	90 cm	120 cm	150 cm	180 cm
15.08.1980	+11.4	+ 6.5	+ 4.5	+ 2.9	+1.7	+0.8	0.0
22.08.1980	+ 7.0	+ 5.5	+ 1.6	+ 1.2	+1.1	+0.4	+0.2
06.03.1981	-	-14.6	-12.6	-10.8	-9.5	-8.4	-7.9

c: Meßstelle T110 ("Juvasshytta 3")

	55 cm	95 cm	135 cm	165 cm
15.08.1980	+6.7	+3.7	+1.7	+1.1
22.08.1980	+4.4	+1.9	0.0	+1.3
06.03.1981	-9.1	-9.1	-6.6	-5.9

d: Meßstelle T112 ("Juvasshö topp")

	0 cm	40 cm	80 cm	120 cm
15.08.1980	+ 9.5	+5.2	+ 3.0	+2.5
22.08.1980	+ 6.3	-0.4	- 0.7	-
06.03.1981	(-18.0)	-	-13.1	-

e: Meßstelle T113 ("Juvasshö SW")

	0 cm	50 cm	100 cm	150 cm
15.08.1980	+10.7	+ 5.6	+ 3.8	+1.9
22.08.1980	+ 8.0	+ 4.0	+ 2.6	+0.5
06.03.1980	(-17.5)	-12.9	-11.2	-9.1

f: Temperaturmessungen auf Juvasshytta (Übersicht)

Nr.	m ü. M.	Auftautiefen (in cm)		MGT (°C)	Amplitude t = 150 cm	Schneehöhe im Winter
		therm.	seism.			
108	1838	180	155	-3.8	8.8 °C	0 (-15 cm)
109	1835	180-210	100	-3.8	9.4 °C	0 (-10 cm)
110	1825	200-250	120	-2.4	7.8 °C	40 cm
112	1880	200-250	130	-5.0	12.0 °C	0 cm
113	1855	220	135	-3.7	11.0 °C	0 (-15 cm)

Tab. 18: Wichtigste Angaben zu den Seismikprofilen in Jotunheimen: Profilnummer, Ort, Höhe über Meer, Länge der Auslage in m, Scheingeschwindigkeiten v_1, v_2, v_3 in m/sec, Ordinate der Knickpunkte x_{c1}, x_{c2} im Laufzeitendiagramm und die daraus berechneten Tiefen d_1 und d_2 in Meter

Table 18: Data of seismic profiles (Jotunheimen)

Nr.	Ort	m ü. d. M.	Auslage	v_1	x_{c1}	v_2	x_{c2}	v_3	d_1	d_2
51	Kyrkio	1460	47,0	370	5,4	1700	18,8	4500	2,5	8,2
52	Kyrkio		49,9	350	3,9	1440	21,9	5000	1,5	9,4
53	Kyrkio	1550	48,4	450	6,2	1500	12,1	3600	2,3	5,8
54	Kyrkio		49,8	450	7,0	1500	22,2	7000	2,6	11,1
55	Kyrkio	1640	41,4	660	4,3	4000	22,8	5000	1,8	5,4
56	Kyrkio		40,2	560	3,8	3000	13,4	5500	1,6	5,0
57	Kyrkio	1700	25,8	600	2,8	3400	12,2	6200	1,2	4,3
58	Kyrkio		25,8	560	2,2	3800	17,2	6000	1,0	4,9
133	Tverrbyttnede (Schuttstirn)	1450	24,8	350	4,7	2350			2,0	
134	Tverrbyttnede (Schuttstirn)		27,0	350	5,2	2800			2,3	
135	Tverrbyttnede (mittl. Blockfeld)	1460	34,0	450	3,6	2400			1,5	
136	Tverrbyttnede (mittl. Blockfeld)		33,6	550	3,8	2100			1,5	
137	Tverrbyttnede (Seitenmoräne)	1475	56,4	340	2,4	1740	15,6	3900	1,0	5,7
138	Tverrbyttnede (Seitenmoräne)		56,4	750	4,8	1800	14,4	3500	1,5	5,4
139	Tverrbyttnede (Schuttstirn)	1450	27,6	370	5,4	2600			2,3	
140	Tverrbyttnede (Schuttstirn)		24,8	320	4,4	2300			1,9	
139'	Tverrbyttnede (Schuttstirn)		27,6	370	4,7	1800	12,6	2600	1,9	4,3
140'	Tverrbyttnede (Schuttstirn)		24,8	320	2,5	1000	10,7	2300	0,9	4,1
141	Juvasshöe (bei T113 und G23)	1850	29,8	320	3,0	3300	10,3	5100	1,4	3,5
142	Juvasshöe (bei T113 und G23)		29,4	360	3,0	3300	20,4	8800	1,3	8,0
143	Juvasshytta (bei T108)	1838	30,3	540	3,7	3600	30^x	6000^x	1,6	8,9
144	Juvasshytta (bei T108)		28,5	520	3,4	3600	30^x	6000^x	1,5	8,7
145	Juvasshytta (bei T109)	1835	27,0	380	2,2	3600	30^x	6000^x	1,0	8,3
147	Juvasshöe (Schuttzunge bei T113)	1850	26,2	460	4,4	3600	13,6	6400	1,9	5,2
149	Juvasshöe (bei G23)	1850	18,1	350	3,2	3500			1,5	
151	Juvasshöe (Gipfel)	1881	28,9	350	2,8	3500	16,6	6000	1,3	5,3

175 cm, während an Stellen mit Grobschutt über 200 cm erreicht wurden. Am 27. Juli 1977 zeigten Rammsondierungen nur ein Auftauen auf rund 130 cm. Die mittleren jährlichen Bodentemperaturen dürften in der Größenordnung von -3.5 ^{o} bis -4.0 ^{o}C liegen (Abb. 43). Davon weichen zwei Stellen ab: Auf der exponierten Kuppe der Juvasshö wurden -5 ^{o}C geschätzt (T112), an einer schneereicheren Stelle bei Juvasshytta nur -2.4 ^{o}C (T110).

Im Raum Leirvassbu (vgl. Abb. 44) wurden im Vorfeld des Högvaglbre (rund 1430 m ü.d.M.) die ersten Erfahrungen mit Bodentemperaturmessungen gesammelt (T2 bis T7). Die Ablesungen im Herbst 1977 bzw. 1980 zeigen, daß in den auf 1400 m ü.d.M., auf dem flachen, NE-exponierten Hangfuß gelegenen schuttreichen Moränen wahrscheinlich kein Permafrost vorkommt. Die Temperaturen liegen Ende des Sommers in 2-4 m Tiefe zwischen +1 ^{o} und +3 ^{o}C. ØSTREM (1960) schließt hier nach Luftbildanalysen die Existenz von Ice-Cored Moraines nicht aus; sowohl nach den Bodentemperaturwerten als auch nach unseren morphologischen Feldaufnahmen (Fehlen typischer Bewegungsanzeichen) kann ein Eiskern hier nicht vorkommen. Eine seismische Aufnahme bestätigt dies (S59/60 an einem schattigen, aber dem Wind ausgesetzten Punkt in der Höhe der Meßstelle T2).

Tab. 19: Mittelwerte der Geschwindigkeiten $\bar{v}_1$, $\bar{v}_2$, und $\bar{v}_3$, der Knickpunkte $\bar{x}_{c1}$ und $\bar{x}_{c2}$ und der daraus berechneten Tiefe der Refraktoren. Geschwindigkeit in m/sec, x_c und Tiefe d in m.
Table 19: Mean (seismic) velocities and depths

Nr.	Ort	m ü.d.M.	$\bar{v}_1$	$\bar{x}_{c1}$	$\bar{v}_2$	$\bar{x}_{c2}$	$\bar{v}_3$	$\bar{d}_1$	$\bar{d}_2$
51/52	Kyrkio	1460	360	4,65	1570	20,35	4750	1,8	8,8
53/54	Kyrkio	1550	450	6,60	1500	17,15	5300	2,4	8,5
55/56	Kyrkio	1640	610	4,05	3500	18,10	5250	1,7	5,5
57/58	Kyrkio	1700	580	2,50	3600	14,70	6100	1,1	4,6
133/134	Tverrbyttnede	1450	350	4,95	2575			2,2	
135/136	Tverrbyttnede	1460	500	3,70	2250			1,5	
137/138	Tverrbyttnede	1475	545	3,60	1770	15,00	3700	1,3	5,6
139/140	Tverrbyttnede	1450	345	4,90	2425			2,1	
139'/140'	Tverrbyttnede	1450	345	3,60	1400	11,65	2450	1,4	4,2
141/142	Juvasshöe	1850	340	3,30	3300	15,35	6950	1,5	5,8
143/144	Juvasshytta	1838	530	3,55	3600			1,5	

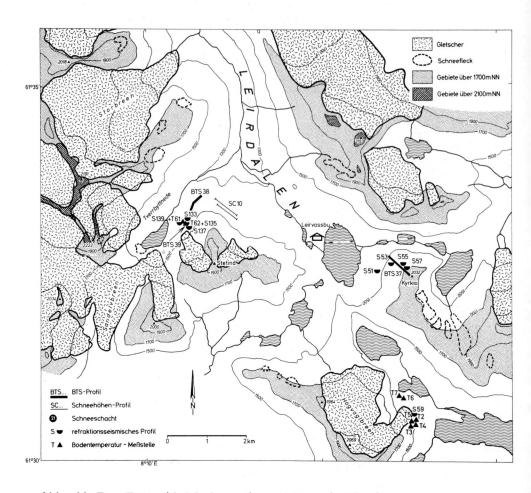

Abb. 44: Das Testgebiet Leirvassbu mit Lage der Sondierungsstellen nach Permafrost

Fig. 44: Map of test area Leirvassbu with sounding sites

Im scharfen Gegensatz dazu stehen die Ergebnisse der Bodentemperaturmessungen und der Hammerschlagseismik, die in ebenfalls rund 1400 m ü.d.M. am steilen NE-Hang des Stetind (2019 m ü.d.M.) gewonnen werden konnten. Hier hat sich aus mächtigen Seitenmoränen ein kleiner Blockgletscher entwickelt, dessen steile Stirn noch leicht aktiv sein dürfte. Es wurden in 2 m Tiefe Mitte August 1980 Bodentemperaturen von +1.5 ^{o}C gemessen. Die extrapolierte Auftautiefe liegt in mehr als 2.5 m Tiefe. Im März 1981 wurde der Blockgletscher wohl besucht, aber die Meßstellen konnten trotz intensiver Suche nicht gefunden werden. Die im Sommer gesetzten Markierstangen wurden wahrscheinlich von Rentieren geknickt. Winterliche Bodentemperaturen fehlen daher. Einige BTS-Messungen sowie seismische Sondierungen bestätigen aber die Existenz von Permafrost (vgl. nachfolgende Kapitel).

5.3 Ergebnisse der seismischen Arbeiten in Jotunheimen

Im Raum Jotunheimen sind an 14 Stellen hammerschlagseismische Untersuchungen durchgeführt worden. Die wichtigsten Angaben zur Lage der Sondierungsstellen sowie die Ergebnisse zeigt die Tabelle 18, Laufzeitendiagramme sind wiederum dem Anhang der Arbeit beigefügt. Einzelheiten zur Auswertung und Interpretation hammerschlagseismischer Ergebnisse gibt Kapitel 3.4.1.

Rund 2 km W von Leirvassbu ragt der Kyrkio als steile Pyramide bis auf 2032 m ü.d.M. empor. Die hammerschlagseismischen Profile S51 bis S58 lassen in der seismisch sondierten unteren Hälfte des W- und NW-Hanges eine Schuttdecke (Moränenmaterial) über Fels erkennen, die nach unten von rund 5 m auf 9 m Mächtigkeit zunimmt.
Dabei tritt Permafrost an den unter 1600 m ü.d.M. liegenden Stellen nicht auf. Die bei S53/54 gemittelte Geschwindigkeit von 5300 m/s ist abtauchendem Fels zuzuordnen. Die höher liegenden Sondierungsstellen S55/56 und S57/58 zeigen eindeutig einen Refraktor mit Geschwindigkeiten um 3600 m/s, der als gefrorener Schutt zu deuten ist. Die refraktionsseismisch erfaßbare Untergrenze der Verbreitung von diskontinuierlichem Permafrost liegt somit an diesem 30 ^{o} bis 40 ^{o} steilen, NW-exponierten Hang bei 1600 m ü.d.M. Dies wird durch BTS-Messungen noch präzisiert.

Unmittelbar oberhalb der 10 m hohen und 41 ^{o} bis 44 ^{o} steilen Schuttstirn des Blockgletschers Tverrbyttnede befinden sich die Sondierungsstellen S139/140 und S133/134. Die Geschwindigkeiten um 2500 m/s werden als gefrorener Schutt mit Temperaturen nahe dem Gefrierpunkt interpretiert. Die Auftautiefen liegen um 2.2 m und stützen den thermisch erhaltenen Wert von 2.5 m. Auch die bei S139 kontinuierlich ansteigenden Geschwindigkeiten weisen auf auftauenden Dauerfrostboden hin. Ein weiteres Anzeichen dafür könnten auch die während der Messung beobachteten unregelmäßigen Laufzeiten der Primärwellen sein.

Oberhalb dieser Profilstellen folgt eine zweite, rund 8 m hohe und 42 °
steile Schuttstirn,an der keine Ausschmelzerscheinungen zu beobachten
sind. Über dieser Stirn wurde das Profil S135/136 geschlagen. Der erste
Refraktor zeigt eine Geschwindigkeit der Primärwellen von 2250 m/s und
belegt ebenfalls das Vorkommen von gefrorenem Schutt. Nochmals 15 m
höher wurden auf einem Seitenmoränenwall die Profile S137/138 geschlagen (1475 m ü. d. M.). Nur hier wurden permafrosttypische Geschwindigkeiten von 3700 m/s angetroffen. Sie treten allerdings erst in rund 5.5 m
Tiefe auf. In den darüber liegenden 10 m Schutt werden Geschwindigkeiten
von rund 1800 m/s gemessen. Nach den Bodentemperaturen der benachbarten Stelle T62 zu urteilen, ist Permafrost mit einer Temperatur von
0 °C unterhalb 2.5 bis 3 m Tiefe durchaus möglich. Er könnte in der
markanten, unmittelbar von perennierenden Schneeflecken umgebenen Seitenmoräne einen Eiskern in rund 5.5 m Tiefe überlagern. Die Ergebnisse
deuten darauf, daß hier die Untergrenze der Verbreitung diskontinuierlichen Permafrosts in nach NNW exponierten Hängen bei 1400 m erreicht
sein dürfte.

Durchwegs höhere Geschwindigkeiten (meist 3600 m/s) ergeben die im Gebiet Juvasshytta geschlagenen Profile S141 bis S151. Die Hammerschlagseismik sollte hier notwendige Zusatzinformationen für die geoelektrische
Interpretation bringen. Die seismisch errechneten Auftautiefen sind meist
geringer als die anhand der Bodentemperaturen extrapolierten Werte
(vgl. Gegenüberstellung in Tabelle 17f).
Dies ist weniger durch den etwas früheren Zeitpunkt der seismischen Sondierung, als vielmehr durch die Interpretation der Laufzeiten als Zwei-
schichtenfall (Auftauschicht/Permafrost) zu erklären. Eine den Tatsachen
besser entsprechende Interpretation als Dreischichtenfall (trockene Auftauschicht / feuchte Auftauschicht / Permafrost) ergäbe meist eine recht
genaue Übereinstimmung der seismischen mit den thermischen Werten.
Sie wurde aus Gründen der Übersichtlichkeit unterlassen. Die Schuttmächtigkeit um die Juvasshö beträgt rund 15 m, bei Juvasshytta wurde die Felssohle refraktionsseismisch nicht erreicht. Der Fels taucht hier offensichtlich rasch ab (Mindesttiefe über 30 m). Die Größe der seismisch erhaltenen Schuttmächtigkeit ist bei der Interpretation der nachfolgend beschriebenen geoelektrischen Sondierungskurven von Hilfe.

Die in Jotunheimen durchgeführten refraktionsseismischen Sondierungen
bestätigen die in Tarfala gewonnene Erfahrung, daß die Geschwindigkeit
von Kompressionswellen in gefrorenen Sedimenten mit steigender Temperatur von 3600 m/s gegen 2000 m/s (oder 1800 m/s?) absinken kann. Dies
muß vom Verhältnis Eiszement/Wasser abhängen.

5.4 Ergebnisse der geoelektrischen Arbeiten in Jotunheimen

In Jotunheimen wurden nur im Gebiet Juvasshytta geoelektrische Sondierungen durchgeführt. Die Ergebnisse dieser Arbeiten sind schon ausführ-

Abb. 45: Blick vom **Galdhöppig** (2470 m) nach N. Hinter dem Styggebreen liegt die Galdehö (2223 m), rechts davon Juvasshytta

Fig. 45: View from Galdhöpigg (2470 m) towards north

Tab. 20: Lagedaten der Geoelektrik-Sondierungen in Jotunheimen und Dovre

Table 20: Geoelectrical soundings (Jotunheimen und Dovre)

Sondie-rung	Ort	Höhe m ü.M.	Länge der Auslage (m)	Distanz zu Fernpol (m)	Winkel zw. Profil und Fernpol	Profilrichtung (Winkel zu N)	Fernpol-richtung
G21	Gjuvflyi-1	1875	560	ca. 590	90°	75°	345°
G22	Juvasshöe	1881	520	ca. 530	90°	120°	30°
G23	Juvasshöe	1850	286	ca. 725	102°	121°	19°
G24	Galdehöe	2210	555+555	Schlumberger	--	190°/10°	--
G25	NE Juvasshöe	1735	280	300	92,5°	152,5°	245°
G26	N Juvasshöe	1780	200+200	Schlumberger	--	112°/292°	--
G27	Gjuvflyi-2	1865	850+850	Schlumberger	--	20°/200°	--
G28	Langsjöen-1	1090	380+380	Schlumberger	--	43°/223°	--
G29	Langsjöen-2	1092	40+40	Schlumberger	--	125°/305°	--

G28 und G29 werden in Kapitel 7 besprochen.

lich in KING (1982: 150-154) dargestellt, auf eine Wiedergabe kann daher hier verzichtet werden. Am angegebenen Ort befindet sich auch eine Detailkarte (100 m Äquidistanz) mit Lage und Auslagerichtung der geoelektrischen Sondierungen. Tabelle 20 enthält dazu die wichtigsten Daten.

Zusammenfassend sei folgendes festgehalten: An allen Sondierungsstellen wurden größere Mächtigkeiten von hochohmigem Permafrost festgestellt. Da im Gebiet Juvasshytta die MAGT zwischen $-4\,^\circ$ und $-3\,^\circ C$ liegt, errechnet sich die gesamte Permafrostmächtigkeit, unter Annahme eines mittleren geothermischen Gradienten von $3\,^\circ C/100$ m, auf 75 bis 100 m (vgl. auch AARSETH et al., 1980: 42). Die geoelektrischen Sondierungen ergeben, bei der Annahme eines signifikanten Widerstandsanstieges bei $-2\,^\circ C$ in Fels, nur Mächtigkeiten von 45 m bis 80 m, während rund 400 m höher auf den Hochflächen S der Galdehö (Abb. 45) mit mindestens 180 m mächtigem Permafrost gerechnet werden muß. Diese Mächtigkeiten von Dauerfrostboden dürften größenordnungsmäßig sicherlich zutreffen. Eine exaktere Bestimmung läßt sich jedoch nur durchführen, wenn sowohl die geothermische Tiefenstufe als auch die Abhängigkeit des gemessenen spezifischen Widerstandes von der Temperatur des Untergrundmaterials genauer bekannt ist. Auf die weiträumige Verbreitung von Permafrost in diesen Höhenlagen weist auch das Auftreten eines Bergschrundes in allen Expositionen (Abb. 46; vgl. dazu HAEBERLI, 1975a, 1978).

Abb. 46:
Blick vom Galdhöpigg nach W. Das auch heute noch stark vergletscherte Jotunheimen wird durch Kare, Karlinge und Trogtäler geprägt. Der Bergschrund im Mittelgrund deutet auf Permafrost in der vereisten Karrückwand

Fig. 46:
View from Galdhöpigg towards W

An den geoelektrisch sondierten Stellen in Juvasshytta sind keine extrem
hohen spezifischen Widerstände gefunden worden, die auf das Vorkommen
von größeren Bodeneiskörpern schließen lassen. Die Morphologie und Lage schuttreicher Moränenwälle, die allerdings von uns nicht untersucht
werden konnten, spricht jedoch dafür, daß auch in Jotunheimen "Ice-Cored-Moraines" vorkommen können (vgl. ØSTREM, 1964, 304f.). Geoelektrische
Sondierungen von ØSTREM (1964, 301, Fig. 26 und 27) ergeben andererseits sowohl am Storgjuvbre (1430 m) als auch am Veslegjuvbre (1840 m)
scheinbare Widerstände um 20 000 Ohm·m. In beiden Fällen glaubt
ØSTREM (1964: 302) eindeutige Hinweise für die Existenz eines Eiskerns
zu finden, am Storgjuvbre infolge einer seismischen Geschwindigkeit von
3300 m/s (vgl. Texte zu Fig. 26 und Fig. 34). Nach unseren geoelektrischen Erfahrungen kann aber heute festgestellt werden, daß in beiden Fällen ein Eiskern nicht vorkommen kann, da der elektrische Widerstand eines Eiskerns mit einer Mächtigkeit von mehreren Metern um mindestens
zwei Größenordnungen höher liegen müßte. Zudem lassen sich Eis und gefrorener Schutt nur in Ausnahmefällen seismisch auseinander halten.
ØSTREM' s Sondierung am Storgjuvbre beweist hingegen das Vorkommen
von relativ niederohmigem Permafrost auf 1430 m ü.d.M. Sie sichert die
in Tverrbyttnede von uns vermutete Lage der Untergrenze der Permafrostverbreitung in N-Lagen von 1400 m ü.d.M. (jeweils für das Jahr der Sondierung). Die Zahl der Ice-Cored Moraines in Skandinavien dürfte daher
deutlich geringer sein als von ØSTREM (1960, 1964/65) angenommen,
was aber keineswegs die Bedeutung der Pionierarbeiten ØSTREM' s schmälert (vgl. auch ØSTREM, in prep.).

5.5 Ergebnisse der BTS-Messungen in Jotunheimen

5.5.1 Allgemeines zu den Messungen

Die im März 1980 im Kebnekaise-Gebiet und in den Lyngener Alpen gewonnenen Erfahrungen konnten im Untersuchungsraum Jotunheimen im darauffolgenden Jahr sinnvoll verwendet werden: Der methodische Unsicherheitsbereich wurde wie bei den Arbeiten in Tarfala gewählt, die minimale
Schneehöhe ebenfalls auf 80 cm herabgesetzt. Auch von diesem Gebiet liegt
wiederum ein umfangreiches Tabellenwerk vor, das die Rekonstruktion des
BTS-Wertes für jeden einzelnen Punkt im Gelände erlaubt. Die Tabellen
können beim Autor eingesehen werden, sind der Arbeit aber aus Platzgründen nicht beigegeben. Die Ergebnisse wurden für jedes BTS-Profil insgesamt in einem BTS-/Schneehöhendiagramm zusammengefaßt. Eine Übersicht der wichtigsten Daten der BTS-Messungen in Jotunheimen gibt Tabelle 21.

Tab. 21: Die BTS-Profile in Jotunheimen
Table 21: BTS-profiles (Jotunheimen)

	Nr.	Profil-länge in m	Abst. d. Meßpkte. in m	Total Punkte	Ort, Lage	m ü. d. M.	Punkte t ≥ 1 m	Permafrost
Sognefjell	34	1020	25/50	31	Fantestein-Krosshö, Hang	1425-1530	26	P, NP
	35	1000	50/div.	26	Fantestein-Süd, Kuppen	1408-1445	19	P, NP
	36	200	div.	11	Fannaråki, Hangfuß	1380	11	P, NP
Leirvassbu	37a	300	30	11	Kyrkio, N-Hang	1550-1620	9	P, (NP)
	37b	400	36	12	Kyrkio, N-Hang	1640-1900	2	P
	38	480	80	7	Tverrbyttnede, NW-Hang	1450	6	P (NP?)
	39	50	div.	4	Bövra-36, Blockgletscher	1460	4	P
Juvass-hytta	40	70	div.	6	Juvasshytta, Ebene	1835	-	P
	41	150	div.	8	S Pkt. 1735, Hang	1710	7	P
	42	110	div.	8	Galdehöe-SE, Hang	1980	6	P
	43	50	10	7	N Juvasshytta, Verwehung	1845	7	P

Bodentemperaturen und insofern auch die BTS werden auch durch den vorangegangenen Witterungsablauf bestimmt (Zeitpunkt starker Schneefälle bzw. intensiver Kälteperioden). Ein kurzer Abriß des Witterungsgeschehens im Winter 1980/1981 sei daher der Interpretation unserer Messungen vorangestellt: Während die Niederschlags- und Temperaturverhältnisse im September 1980 dem langjährigen Durchschnitt entsprachen (typische Hochdruckbrücke von den Azoren bis Rußland), führte ein erstes winterliches Polarhoch über Grönland und zeitweise lebhafte Zyklonentätigkeit über dem Atlantik zu einem 1-2 °C zu kalten und sehr niederschlagsreichen Oktober (300 %). Eine quasistationäre Antizyklone über dem Nordpolarmeer brachte im November um 4 °C zu tiefe Lufttemperaturen. Besonders der Dezember 1980 und z. T. auch der Januar 1981 zeigten sehr lebhafte Zyklonentätigkeit und in der Folge überdurchschnittlich hohe Niederschläge bei durchschnittlichen Temperaturen. Nach einem zyklonal geprägten milden Monatsanfang profitierten unsere Feldmessungen von einem Hochdruckgebiet, das sich von Mitteleuropa (Mitte Februar) nach Fennoskandien und Rußland verlagerte (Ende Februar). Die letzten zwei Wochen der Meßperiode brachten durch eine SW/W-Lage bei durchschnittlichen Temperaturen mehrfach Schneefälle. Hinsichtlich der sich daraus ergebenden Bodentemperaturen ist anzunehmen, daß die Folgen des frühen Wintereinbruches mit Schneefällen im Oktober durch jene des sehr kalten Novembers kompensiert wurden. Bei unseren BTS-Messungen ergaben sich, nach ersten Vergleichen mit den Ergebnissen des Vorjahres, keine witterungsmäßig bedingten die Interpretation erschwerenden Unterschiede.

5.5.2 Schneebasistemperaturen in Juvasshytta

Ein extremer Grad an Schneeverwehung konnte im Gebiet Juvasshytta registriert werden: Die über 2 km^2 große Verflachung S Juvasshytta war fast völlig schneefrei, und nur bei Geländeunebenheiten lagen schmale Streifen von wenige Dezimeter mächtigem, stark windgepreßten Schnee (Abb. 47). Messungen konnten um Juvasshytta daher nur an ausgewählten Stellen, z.B. in Mulden durchgeführt werden (vgl. Abb. 42). Eine mehrere Meter mächtige Schneedecke wiesen hingegen die N- und E-exponierten Hänge von Galdehö und Juvasshö auf.

Wiederholt konnte beobachtet werden, daß bei Windstille im nur 5 km entfernten Galdesand (Böverdal, 550 m ü.d.M.) zur gleichen Zeit im Gebiet Juvasshytta äußerst stürmische Winde zu starker Schneeverfrachtung führten. Im Sommer belegen dies die ausgedehnten Schneefelder in Leelagen.

Abb. 47: Bodentemperaturmessungen auf den schneearmen Hochflächen bei Juvasshytta im Winter

Fig. 47: Plateau at Juvasshytta in March 1981

Alle vier Gebiete um Juvasshytta, in denen BTS-Messungen durchgeführt wurden, zeigen erwartungsgemäß, daß Permafrost vorkommen muß (Abb. 48). Interessant sind jedoch die signifikanten Unterschiede zwischen den Ergebnissen der Profile, die eindeutig auf eine unterschiedliche Bodentemperatur zurückzuführen sind. Während die Werte zweier Punkte aus dem Profil BTS41 in 1710 m ü. d. M. sich noch in der Nähe des Unsicherheitsbereiches bewegen und die Mittellinie durch die Punkteschar um kaum $1\,°C$ tiefer liegt, unterschreitet die Mittellinie von BTS43 in 1845 m den Unsicherheitsbereich um $3\,°$ bis $3.5\,°C$. Beim Standort BTS43 darf, den Ergebnissen der Messungen von T108 und T109 zufolge, mit einer mittleren Bodentemperatur von $-3\,°C$ gerechnet werden. Auf eine noch kältere Stelle weisen die Werte von BTS40, da die Schneedecke aber doch sehr wenig mächtig ist, wird auf eine Schätzung verzichtet. Am E-exponierten Hang der Galdehö zeigt das in 1980 m ü. d. M. aufgenommene Profil BTS42 Werte, die auf eine mittlere Bodentemperatur von nur $-2\,°C$ hindeuten. Das frühe Einschneien dieser Leelage scheint hier das Auskühlen des Untergrundes merklich zu behindern. Die obersten Gebiete der Galdehö konnten leider im März 1981 infolge starker Sichtbehinderung durch "blowing snow" nicht bestiegen werden.

5.5.3 Schneebasistemperaturen um Leirvassbu

Die Folgen starker Schneeverwehung waren auch im Leirdal (vgl. Abb. 44) und um Leirvassbu zu sehen, jedoch ganz anders als auf der exponierten Juvasshö. Im Talboden des Leirdal lag eine fast durchgehende Schneedecke. Nur einzelne Moränenrücken und Geländerippen ragten aus der sonst geschlossenen Schneebedeckung hervor. Die steilen W- und SW-exponierten Talhänge des oberen Leirdal waren schneefrei, dagegen zeigten die N- bis E-exponierten Hänge zwischen Leirvassbu und Tverrbyttnede eine 2 m bis 3.5 m mächtige Schneedecke, wobei im Windschatten steiler Hänge Schneemächtigkeiten von über 4.1 m (Sondenlänge) angetroffen wurden. Hier wiesen selbst Kuppen und Rücken eine Bedeckung mit 1.5 m bis 2 m Schnee auf.

Auch am Kyrkio war für unsere BTS-Messungen meist eine genügend mächtige Schneedecke vorhanden. Das hier in der Fallinie gemessene BTS-Profil Nr. 37 wurde zur besseren Interpretation in zwei Teile aufgeteilt, BTS 37a enthält alle Messungen unter 1630 m, BTS37b alle Meßwerte in höheren Lagen bis auf 1980 m ü. d. M. Besonderen Dank schulde ich Torfi Asgeirsson, der die Messungen über 1700 m ü. d. M. im Alleingang an dem z. T. über $45\,°$ steilen, vereisten Hang durchgeführt hat. Beim Profilteil BTS37a liegen die meisten Werte nahe am Unsicherheitsbereich und scheinen auf Permafrost mit Temperaturen zwischen $0\,°$ und $-1\,°C$ hinzudeuten. Ein weiterer Punkt fällt in den Unsicherheitsbereich, und der unterste, auf 1550 m ü. d. M. gemessene BTS-Wert zeigt, daß unter mehr als 250 cm Schnee kein Permafrost vorkommen kann. Interessant ist, daß die hammerschlagseismischen Untersuchungen S55/56 auf 1640 m ü. d. M. eben-

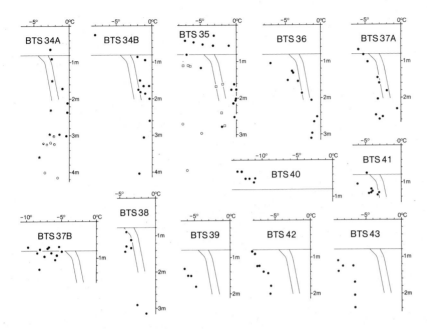

Abb. 48: Schneebasistemperaturen BTS 34 bis BTS 43 (Jotunheimen)

Fig. 48: Basal temperatures of the snow cover BTS 34 to BTS 43 (Jotunheimen)

Abb. 50: Schneeverwehung auf dem Sognefjell

Fig. 50: Snow drift on Sognefjell

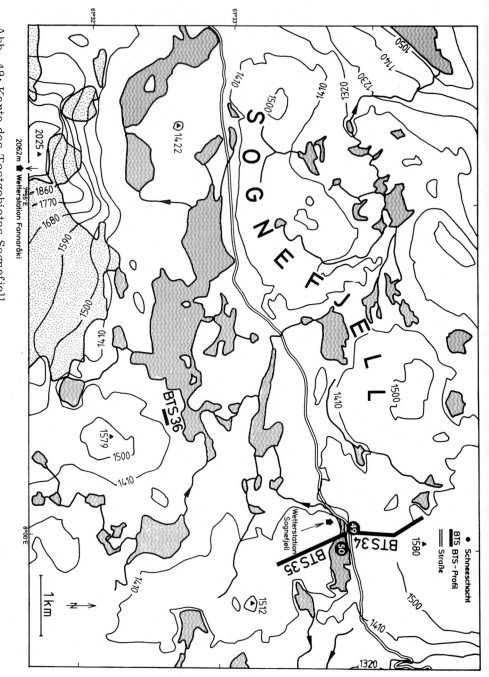

Abb. 49: Karte des Testgebietes Sognefjell
Fig. 49: Map of test area Sognefjell

falls Permafrost anzeigen, während die Sondierungen S51 bis S54 auf
1460 bzw. 1550 m ü.d.M. auf permafrostfreie Stellen hindeuten. Die Resultate der Seismik und der BTS-Methode stimmen somit gut überein.
Der über 1630 m ü.d.M. folgende Profilteil BTS37b weist signifikant tiefere, stark streuende BTS-Werte auf. Sie liegen 2.5 $^{\circ}$ bis 4.5 $^{\circ}$ unter
dem Unsicherheitsbereich und zeigen eindeutig, daß hier niedrige Permafrosttemperaturen vorkommen müssen.

Im Tverrbyttnede wurde auf der Wallmoräne des schon seismisch untersuchten Blockgletschers das Profil BTS39 gemessen, auf der gleichen Höhe außerhalb des Blockgletschers am NW-exponierten Hang zum Vergleich
das Profil BTS38. An beiden Stellen kommt nach unseren Messungen Permafrost vor. Während sich die BTS-Werte in den Hanglagen nahe am Unsicherheitsbereich bewegen, zeigen die Messungen auf dem Blockgletscher
2 $^{\circ}$ bis 3 $^{\circ}$C tiefere Werte. Die daraus abgeleitete unterschiedliche Bodentemperatur kann auf verschiedene Ursachen zurückgeführt werden: Der
Blockgletscherhang ist etwas stärker nach N exponiert; wesentlich stärker
ins Gewicht fallen dürfte hingegen, daß der Blockgletscher edaphisch
(grobblockiger Schutt) und reliefmäßig (windgepeitschter Lobus) stark begünstigt ist (vgl. dazu BARSCH, 1977: 130).

5.5.4 Schneebasistemperaturen auf dem Sognefjell

Das Ausmaß der Schneeverwehung auf dem Sognefjell (Abb. 49) ist beachtlich. Während unserer Arbeiten vom 27. Februar bis 2. März 1981 erreichten die mittleren Windgeschwindigkeiten auch bei schönster Witterung
zwischen 10 und 20 Knoten (4-5 Beaufort), von den Böen nochmals um 50 %
übertroffen (6-7 Beaufort). Die Verlagerung großer Schneemassen und die
Bildung mächtiger Wächten konnte insbesondere am 27./28. Februar beobachtet werden. Sondierungen in Schneeverwehungen ergaben Mächtigkeiten von über 5 m (Abb. 50). Im Sommer ist das Sognefjellgebiet mit einer
Vielzahl von Schneeflecken übersät. Einen Eindruck von deren Häufigkeit
vermitteln Luftbilder (Abb. 51).

Bei den BTS-Messungen versuchten wir Stellen mit perennierenden Schneeflecken zu vermeiden. Ebenso wurden die BTS-Profile nicht über die zahlreich vorhandenen kleinen Seen gelegt. Das 1000 m lange Profil BTS35 führt
über kleinere Kuppen der Fjellfläche auf rund 1420 m ü.d.M., BTS34 zieht
bis auf 1530 m ü.d.M. hoch und weist oft leicht S-exponierte Hänge auf,
und BTS36 wurde am steilen N-exponierten Hangfuß des Fannaråki um rund
1380 m ü.d.M. gemessen. Temperatur- und Dichtemessungen an zwei
Schneewächten (TS49, TS50) ergänzen das Bild der winterlichen Schneeverhältnisse.

Der erste Eindruck des Schneehöhen/Basistemperaturdiagrammes BTS34
ist verwirrend: Mit zunehmender Schneehöhe scheinen, im Gegensatz zu
anderen Diagrammen, hier die Temperaturen zu sinken. Die BTS-Werte

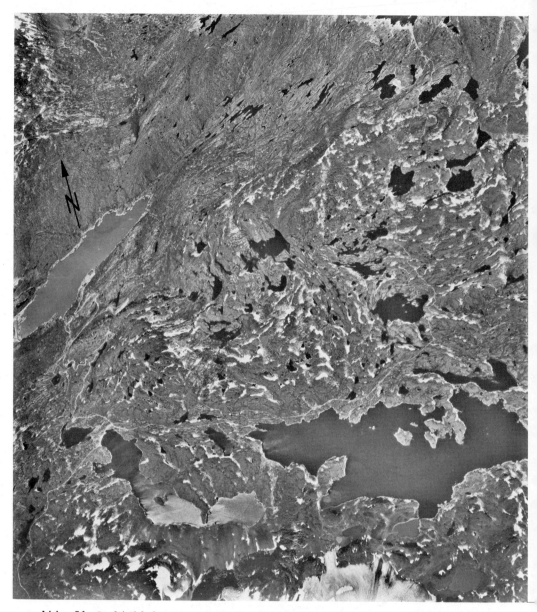

Abb. 51: Luftbild des Testgebietes Sognefjell mit der vom Fannaraki herstammenden Gletscherzunge am unteren Bildrand (vgl. Abb. 49). Viele der abgebildeten Schneeflecken sind perennierend (Aufnahme Nr. C6-1834 vom 21.7.1966, Wideröe)

Fig. 51: Aerial photo of the Sognefjell (cf. fig. 49)

sind ebenfalls nicht von der Höhe über dem Meer abhängig (nicht dargestellt). Erst eine Analyse der Einzelwerte bringt Aufschluß über die Ursachen der Verteilung (Abb. 48). An sieben Stellen konnte trotz einer Sondenlänge von 3.2 bzw. 4.2 m die Schneebasis nicht erreicht werden (vgl. Symbole im Diagramm). Die Vermutung, daß an diesen Stellen perennierende Schneeflecken vorliegen, dürfte zutreffen, um so mehr, als an einigen Stellen eine harte Eisschicht durchstoßen werden konnte. Interessant ist, daß an drei, einem Schneefleck benachbarten Stellen die BTS-Werte ebenfalls auf Permafrost hinweisen und ein Wert (1.5 m mit -2.4 ^{o}) mitten im Unsicherheitsbereich liegt. An den meisten übrigen Stellen liegen die Temperaturen höher als der Unsicherheitsbereich. Permafrost scheint daher nur unter dem Profilpunkt "3.6 m, -4.2 ^{o}C" bzw. um perennierende Schneeflecken herum vorzukommen. Der Autor ist aufgrund der gemachten Felderfahrung der Ansicht, daß sich im Winter Permafrostvorkommen um perennierende Schneeflecken mit Hilfe von Temperatursonden sehr genau kartieren lassen. Entlang der Profillinie BTS34 z.B. dürfte Permafrost zwischen 90 m und 270 m, sowie zwischen 525 m und 675 m vorkommen.

Während bei BTS34 vorwiegend leicht S-exponierte Lagen vorkommen, wechseln entlang der Profillinie BTS35 N- und S-Hänge mit flachen Mulden und Kuppen ab. Die weit streuende Punkteverteilung im Schneehöhen/BTS-Diagramm beweist unterschiedliche Bodentemperaturen. Während an ebenen Stellen und S-exponierten Hängen kein Permafrost auftreten dürfte, kommt solcher an N-exponierten Hängen vor. Die Temperaturen im Bereich mächtiger perennierender Schneeflecken sind wahrscheinlich keine Basistemperaturen, sondern über undurchdringlichen Eisschichten gemessen worden und zeigen die tiefsten Werte. Einheitlicher ist das Verteilungsmuster bei BTS36, aufgenommen am steilen, N-exponierten Hangfuß des Fannaråki. Wie schon im Talbodenbereich des Tarfalavagge (vgl. Kap. 3), können wir auch hier versuchen, den Einfluß der Schneedeckenmächtigkeit auf die Bildung bzw. Unterbindung von Permafrost größenordnungsmäßig abzuschätzen. Das Profil BTS36 läßt vermuten, daß eine Mächtigkeit der Schneedecke zwischen 2 und 3 Metern die Bildung von Permafrost verhindern dürfte. Erreicht die Mächtigkeit mehr als drei Meter, so ist mit der Bildung von perennierenden Schneeflecken und damit auch von Permafrost zu rechnen. Im Vergleich zu dem wesentlich kühleren Klima des Tarfalavagge, liegen diese Grenzwerte im wärmeren und stärker maritim geprägten Sognefjell-Gebiet um jeweils rund 60 cm höher.

5.6 Zusammenfassung der Ergebnisse aus dem Untersuchungsraum Jotunheimen

Die Testgebiete Leirvassbu und Juvasshytta dürften klimatisch ähnlich geprägt sein, befinden sich doch beide östlich größerer Gebirgsmassive (wie z.B. Smörstabbtindan). Das Testgebiet Sognefjell ist hingegen mit Sicherheit niederschlagsreicher, und auch die Lufttemperaturen dürften hier merklich abweichen, liegt es doch westlicher und nur 15 bis 20 km vom Lusterfjord, dem hintersten Abschnitt des Sognefjord, entfernt. Die Ergebnisse aus dem Sognefjell-Gebiet werden daher in diesem Kapitel gesondert behandelt. Extrem steile und daher mit unseren Feldmethoden nur schwer zu erfassende Felswände werden bei unseren Überlegungen wiederum ausgeschlossen.

Auch im Untersuchungsgebiet Jotunheimen zeigt sich, daß primär die Exposition eines Hanges die Untergrenze von Permafrostvorkommen bedingt. So ist die Untergrenze auf dem nach W orientierten Hang des Kyrkio bei 1600 m anzunehmen, am N-Hang des Stetind im Gebiet Tverrbyttnede dagegen um 200 m tiefer. Ihre Lage von 1400 m ü.d.M. für N-Hänge konnte im Leirdal sehr genau bestimmt werden: Die in Tverrbyttnede erhaltenen Geschwindigkeiten der Primärwellen von 1800 und 2500 m/s zeigen, daß hier Permafrost offensichtlich ausschmilzt. Auch die von ØSTREM (1964) vorgelegten geoelektrischen und seismischen Ergebnisse am Storgjuvbre, der vom Galdhöpigg-Gebiet nach N ins Leirdal fließt (vgl. Abb. 42), belegen, daß die Untergrenze nicht wesentlich unter der Höhe seiner Sondierungsstelle (1430 m ü.d.M.) liegen kann. In tieferen Lagen finden wir nur noch sporadische Permafrostvorkommen kleinen Ausmaßes. Ein solches existiert z.B. in einem Torfmoor am Talausgang des Leirdal bei Böverkinnhalsen auf rund 1000 m ü.d.M. (schriftl. Mitt. J. MATTHEWS, Cardiff). Während Ende des Sommers 1980 der Torf unter einer 50 cm mächtigen Auftauschicht noch gefroren war, konnte in den darauffolgenden Jahren der gefrorene Boden nicht mehr aufgefunden werden. MATTHEWS (o.J.: 8) trägt in einer Aufschlußskizze aus 1200 m ü.d.M. eine Stelle mit gefrorenem Boden ein. Da aber keine näheren Angaben darüber zu erhalten sind, könnte es sich hier auch um einen Rest von Winterfrost handeln (vgl. auch GRIFFEY & MATTHEWS, 1978, Fig. 11).

Die Untergrenze der Verbreitung von Permafrost auf hochgelegenen Verflachungen, Graten und Kuppen konnte nicht direkt bestimmt werden. Dem Wind ausgesetzte Stellen des im Talboden liegenden Högvaglebre-Vorfelds weisen in über 1400 m ü.d.M. noch keinen Dauerfrostboden auf, obwohl sie stellenweise durch eine steile N-Wand beschattet werden. Stimmt unsere Annahme, daß die Höhe der Untergrenze von Permafrostvorkommen an steilen W-Hängen etwa jener auf hochgelegenen Verflachungen entspricht, so könnte diese, nach den am Kyrkio erhaltenen Ergebnissen, bei 1600 m ü.d.M. gezogen werden.

Die Untergrenze in S-Hängen und damit auch diejenige des Vorkommens von kontinuierlichem Permafrost muß wesentlich höher angesetzt werden. Da das untersuchte Leirdal und das Testgebiet Juvasshytta N des Galdhöpigg primär nach N exponiert sind, fehlen S-Hänge weitgehend. Die Permafrostmächtigkeit von rund 180 m auf der Galdehö (2200 m ü.d.M.) läßt vermuten, daß die Untergrenze der kontinuierlichen Permafroststufe tiefer liegen muß.

Sie dürfte im Bereich der Juvasshö bei rund 1880 m ü. d. M. zu suchen sein, wo auf einer Kuppe geoelektrisch eine Mindestmächtigkeit von 80 m bei einer Permafrosttemperatur von etwa -4 °C gemessen wurde (vgl. dazu die Angaben von WASHBURN, 1979: 45; EMBLETON & KING, 1975: 989). Selbst am sanften SW-Hang der gleichen Kuppe beträgt die Permafrostmächtigkeit noch zwischen 25 und 50 m.

Eine spezielle Situation scheint im Sognefjell-Gebiet zu existieren. Obwohl angenommen werden kann, daß hier die mittleren Lufttemperaturen auf 1400 m ü. d. M. wärmer sind als in dem gleich hoch gelegenen permafrostfreien Leirvassbu, konnte mittels der BTS-Messungen das zwar fleckenhafte, aber doch regelmäßige Auftreten von Permafrost auf dem Sognefjell nachgewiesen werden. Das Vorkommen von Dauerfrostboden ist jedoch hauptsächlich an die Bereiche mit perennierenden Schneeflecken und an steilere N-Hänge von Kuppen gebunden. Neben dem Faktor Relief (kuppiges Paßgebiet) tragen hier die ganzjährig hohen Niederschläge zu der speziellen Situation bei. Es ist wahrscheinlich, daß die jährliche Niederschlagssumme und auch die winterliche Schneemenge die entsprechenden Werte des Gebietes Juvasshytta um 100 % oder mehr übertreffen. Während also in den bisher besprochenen Gebieten die Untergrenzen des Vorkommens von Permafrost anhand von schneearmen Stellen definiert wurden, führen im Sognefjell-Gebiet, dank dafür günstiger Relief- und Klimabedingungen, häufig auftretende perennierende Schneeflecken zu Permafrost in relativ tiefen Lagen. Wir bezeichnen daher den hier vorkommenden Permafrost als sporadisch und an Stellen mit perennierenden Schneeflecken gebunden.

6. Der Untersuchungsraum Dovre / Rondane

6.1 Lage der Testgebiete Einunna (Dovre) und Simlepiggen (Rondane)

Die in Dovre und Rondane ausgewählten Testgebiete (Abb. 52) liegen rund 120 km NE bzw. 90 km E der in Jotunheimen untersuchten Räume. Es existieren davon die beiden mehrfarbigen Landeskarten 1:50 000 Einunna 1519 I sowie Rondane 1718 I. In beiden Gebieten wurden punktuelle Messungen an tiefliegenden permafrostverdächtigen Stellen vorgenommen. Eine besondere Rolle spielten dabei die Messungen der Schneebasistemperaturen, die eine rationelle Kartierung erlaubten.

In Rondane (Abb. 57) wurden Messungen am Gebirgszug Fremre Illmannhö (1602 m) / Simlepiggen (1721 m) SE von Rondvassbu durchgeführt. In den Testgebieten Fundin (Abb. 53) und Settaldalen (Abb. 54) wurden bewußt noch tiefer liegende Stellen in die Untersuchungen miteinbezogen. Die Arbeiten rund um den Fundin-Stausee (1021 m ü. d. M.) umfassen tiefgelegene Talmulden zwischen 950 und 1150 m (Haugtjörnin, Einunndalen), exponierte Terrassen und sanfte Hänge bis auf 1260 m ü. d. M. (Fonnhöa, Settaldalen, Fundberget). Seismische Arbeiten erfolgten im Bereich des Hög-Gia (1641m).

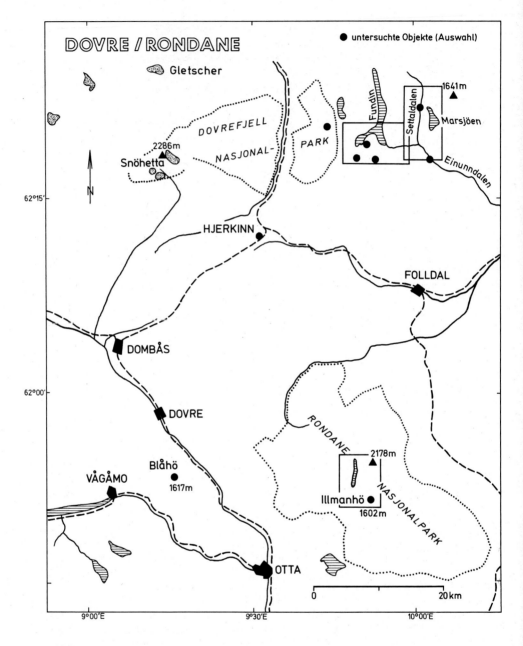

Abb. 52: Karte des Untersuchungsraumes Dovre/Rondane
Fig. 52: Map of investigation region Dovre/Rondane

Beide Gebiete sind unvergletschert. Die Vergletscherungsgrenze an den nächstgelegenen Gletschern wurde von ØSTREM et al. (1969: 33) in Jotunheimen auf 2200 m, am Snöhetta auf 2000 m ü. d. M. festgelegt. Die mittlere jährliche Niederschlagssumme beträgt 500 mm. Die Verbreitung wichtiger Periglazialformen in den Testgebieten Fundin/Settaldalen wurde aus der geomorphologischen Karte von SOLLID & SØRBEL (1979b) in die Abb. 53 und 54 übernommen.

6.2 Die Ergebnisse aus dem Untersuchungsraum Dovre/Rondane

Die Arbeiten konzentrieren sich hier aus verschiedenen Gründen auf sporadische Permafrostvorkommen: Wir befinden uns einerseits im Gebiet der südlichsten Palsavorkommen Skandinaviens (SOLLID & SØRBEL, 1974; SOLLID, 1975: 16, Vålåsjø), andererseits wurde im Dovre-Gebiet sporadischer Permafrost beim Bau eines Staudammes in den Jahren 1967-1968 freigelegt (Kraftwerke Glommens og Laagens Brukseierforening, Oslo). Die günstigen Gelegenheiten, hier geophysikalische Messungen im Bereich sporadischen Permafrosts durchführen zu können, wurden genutzt. Die Untergrenze der Verbreitung diskontinuierlichen Permafrosts wurde im Zusammenhang mit diesen Arbeiten festgelegt.

Eine Gesamtdarstellung des Fragenkreises sporadischer Permafrost/Reliktpermafrost ist in geschlossener Form an anderer Stelle vorgesehen (KING, in Bearbeitung). Die wichtigsten Ergebnisse unserer Feldarbeiten seien hier zusammengestellt:
Im Testgebiet Fundin (Abb. 53) und dem daran nördlich anschließenden Gebiet Settaldalen (Abb. 54) konnte durch Bodentemperaturmessungen, BTS-Aufnahmen, sowie seismische und geoelektrische Aufnahmen festgestellt werden, daß in Höhenlagen unter 1200 m (etwa Gipfelhöhe der Fonnhö, Abb. 53) Permafrost noch nicht diskontinuierlich auftritt. Die aufgefundenen Vorkommen von Permafrost sind in der Regel auf die edaphisch und morphologisch extrem begünstigten Palsas beschränkt. Regelmäßige Temperaturmessungen in den Palsas von Haugtjörnin (Abb. 54) wurden hier von SOLLID (Oslo) schon 1977 veranlaßt; deren Resultate waren aber bei der Drucklegung dem Autor noch nicht zugänglich.

Das Vorkommen zahlreicher Palsas unterschiedlichsten Typs und Zustandes wurde zu einigen seismischen Messungen benutzt. Aus den zahlreichen Messungen sei hier nur ein typisches Ergebnis geschildert: Im Gebiet Haugtjörnin und Melöya wurden im gefrorenen Torfkern seismische Geschwindigkeiten gemessen. Dazu wurde der.aufgetaute Torf weggestochen und direkt auf den Permafrostkern geschlagen bzw. das Geophon darin fixiert. Während der größte plateauförmige Pals in Haugtjörnin gute Einsätze und Geschwindigkeiten um 3600 m/s lieferte (S153/154), ergab ein stärker angetauter Pals unterhalb Dalsaetra nur schwache Einsätze und Geschwindigkeiten zwischen 2000 m/s und 2300 m/s, Scherwellen zeigten eine Geschwindigkeit von 950 m/s (S165/166). Abbildung 55 ver-

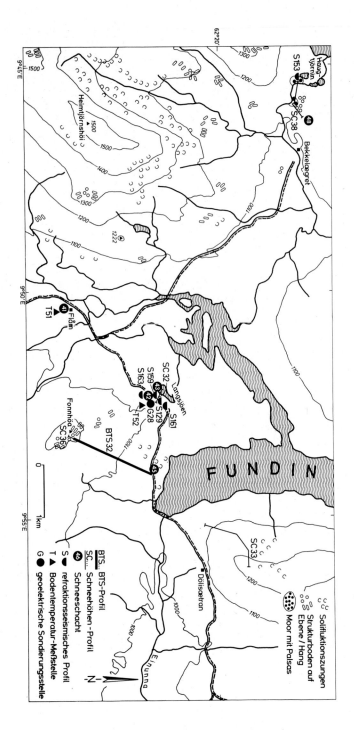

Abb. 53: Der W-Teil des Testgebietes Einunna (Dovre) mit Lage der Sondierungsstellen. Verbreitung ausgewählter Periglazialformen nach SOLLID & SØRBEL (1979b)

Fig. 53: Map of investigation area Einunna (western part)

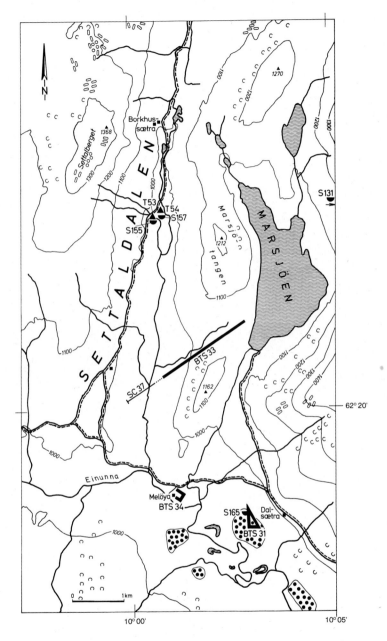

Abb. 54: Karte des Testgebietes Einunna (E-Teil)

Fig. 54: Map of investigation area Einunna (eastern part)

mittelt einen Eindruck von der Lage dieser tiefstgelegenen Palsafelder unseres Untersuchungsraumes.

Abb. 55: Palsamoor bei Melöya (August, 1980)

Fig. 55: Palsa bog near Melöya (Dovre, 935 m a. s. l.)

In Ausnahmefällen kann sich Permafrost im sporadischen Bereich auch außerhalb von Palsamooren bilden. Im Zusammenhang mit den Bauarbeiten an der Staumauer des Fundin-Sees wurden solche Vorkommen im Gebiet Langsjöflya zwischen dem Langsjö und der Fahrstraße angegraben (vgl. Abb. 53). Nach Aussagen von Chefingenieur K. Malmo (Oslo) wurde dabei in den Jahren 1968/69 beim Abbau von sandig-kiesigem Moränenschutt eine mächtige Eislinse freigelegt. Sie konnte auf eine Länge von über 100 m verfolgt werden und zeigte eine Mächtigkeit von rund 3 m. Diese Beschreibung wurde von O. Dalløkken (Dalholen) bestätigt. Der Materialaushub wurde unter der Eislinse in dem dort nicht gefrorenen Material von Juli bis in den Oktober hinein fortgesetzt. Die sichtbaren gefrorenen Stellen schmolzen im darauf folgenden Jahr aus und verstürzten. Im ehemaligen Abbaugebiet wurde der ausgeschilderte Wohnwagen-Abstellplatz angelegt.

Auf der dem Wind ausgesetzten und im Winter schneefreien Terrassenfläche oberhalb der ehemaligen Abbaustelle versuchten wir in der zweiten Augusthälfte des Jahres 1980 mit Hilfe unserer Hammerschlagseismik abzuklären, ob noch Reste dieser Eislinse oder gefrorener Untergrund vorkommen (Profile S159 bis 162). Bei S159 und S161 zeigen sich undeutliche Einsätze eines schnellen Refraktors mit rund 3400 m/s. Die geringe Tiefe von 165 cm bzw. 200 cm sowie die Tatsache, daß diese Einsätze bei größeren Auslagen fehlen, sprechen dafür, daß hier wahrscheinlich Reste von Winterfrost erfaßt worden sind. Entlang der Straße liegt in einer Tiefe von 8.1 m bzw. 7.4 m (S159/160) ein zweiter Refraktor, der auf gefrorenes Material hindeutet. Da saisonale Auftautiefen dieser Größenordnung für die beschriebene Lage ausgeschlossen werden können (vgl. dazu T52 und T54 bei Abb. 56), muß es sich um ein fossiles Dauerfrostboden-Vorkommen handeln. Fels wird in über 17.5 m Tiefe erwartet und könnte mit dem benachbarten Profil S130 erfaßt worden sein. S161/162 wurde an der Abbruchkante oberhalb der ehemaligen Kiesgrube geschlagen. Der Refraktor in 4.6 m Tiefe scheint darauf hinzuweisen, daß auch hier noch Reste von gefrorenem Boden vorhanden sind. Die niedrigen Geschwindigkeiten um 2300 m/s und undeutlichen Einsätze sprechen dafür, daß der Auftauprozeß schon stark fortgeschritten ist. An einer benachbarten Stelle fehlt hingegen Dauerfrostboden (S130).

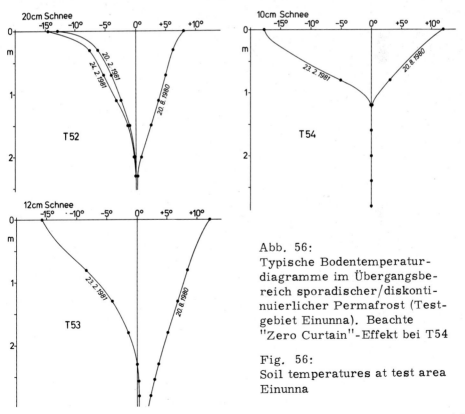

Abb. 56:
Typische Bodentemperaturdiagramme im Übergangsbereich sporadischer/diskontinuierlicher Permafrost (Testgebiet Einunna). Beachte "Zero Curtain"-Effekt bei T54

Fig. 56:
Soil temperatures at test area Einunna

Das ganze Terrassengebiet Langsjöflya wurde geoelektrisch kartiert. Die Kartierung G28 ergab jedoch keine Hinweise auf Bereiche mit markant höherem spezifischen Widerstand. Die Bodentemperaturmeßstelle T52 weist darauf hin, daß in Tiefen unter rund 2.5 m die Bodentemperatur bei 0 ^{o}C liegen dürfte. Permafrost wird dadurch nicht bewiesen. BTS-Messungen konnten auf der schneefreien Terrassenfläche nicht durchgeführt werden, doch zeigen BTS-Messungen in den Schneeschächten TS42 und TS43, daß unterhalb der Straße, im Bereich von Schneeverwehungen, Permafrost fehlt. Rund 2.5 km SW von Langsjöflya ergaben Temperaturmessungen im Schneeschacht TS41 Werte im Unsicherheitsbereich. Der Schacht wurde in einer mit TS42 und TS43 vergleichbaren Lage angelegt (Flam, 1034 m ü.d.M.). Bodentemperaturen von 0.1 ^{o}C in 2.7 m Tiefe (T51) am Ende des Sommers und Quellwassertemperaturen zwischen +1 und +2 ^{o}C unterhalb dieser Stellen deuten darauf hin, daß Permafrost auch hier an dafür begünstigten Stellen wahrscheinlich vorkommt. Ähnlich frostbegünstigte Stellen im Settaldalen sind jedoch permafrostfrei (vgl. S155 bis S158).

Zusammenfassend ist folgendes festzuhalten: Die Permafrostvorkommen im Gebiet Einunna/Settaldalen zwischen 900 und 1200 m ü.d.M. sind eindeutig als sporadische Vorkommen oder als Reliktvorkommen anzusprechen und auf wenige, extrem dafür begünstigte Stellen (dem Wind ausgesetzte Terrassen oder Palsas) beschränkt.

Die Untergrenze des diskontinuierlichen Permafrosts dürfte, nach den Ergebnissen unserer BTS-Messungen BTS22 an der Fonnhö, knapp über 1200 m ü.d.M. liegen und wird sicherlich an den höchsten Bergrücken der Gebiete Fundin und Settaldalen erreicht. Eine Paßlage am Hög-Gia zeigt dauernd gefrorenen Boden sowohl auf 1500 m als auch auf 1600 m ü.d.M. (S131). Diskontinuierlicher Permafrost dürfte daher auch auf der Heimtjörnshö (Abb. 53) und dem Settalberget (Abb. 54) auftreten. Im Rondane-Gebiet (Abb. 57) liegt die Untergrenze an der morphologisch vergleichbaren Fremre Illmannhö an den nach N exponierten Hängen zwischen 1300 und 1350 m ü.d.M. Der untere Teil des Profils BTS44 (Abb. 58) deutet schon auf leicht negative mittlere Bodentemperaturen für eine Höhe von rund 1500 m ü.d.M. Die Höhenschichtenkarte (Abb. 57) illustriert eindrucksvoll, daß große Bereiche des Rondane-Gebietes daher in der diskontinuierlichen Permafroststufe liegen müssen. Ein Hinweis auf das regelmäßige Vorkommen von Permafrost oberhalb bestimmter Höhen ist auch das verbreitete Auftreten von Blockgletschern und perennierenden Schneeflecken, wie es auch Luftaufnahmen zeigen (z.B. Aufn. - Nr. A32 1684 von Wideröe). BARSCH & TRETER (1976: 91) geben eine Zusammenstellung der aktiven Blockgletscher von Rondane. Die mittlere Höhe der Blockgletscherstirnen wird dabei mit rund 1550 m ü.d.M.

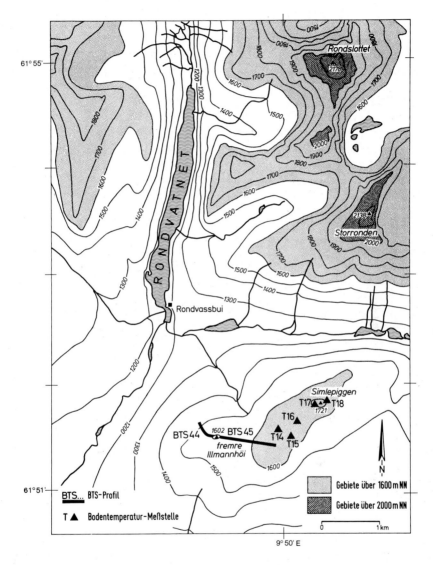

Abb. 57: Karte des Testgebietes Simlepiggen
Fig. 57: Map of investigation area Simlepiggen

angegeben (vgl. Abb. 8 a.a.O.) und festgestellt, daß in dieser Höhenlage in Rondane auch mit Permafrost zu rechnen ist. Abb. 8 in BARSCH et al. (1976) zeigt aber auch, daß die Untergrenze der aktiven Blockgletscher für den N-Sektor rund 100 m tiefer, also in etwa 1450 m ü.d.M. zu suchen ist. Diese Höhe wäre nach BARSCH (1978) der Untergrenze für diskontinuierlichen alpinen Permafrost gleichzusetzen. Die mit Hilfe unserer Basistemperatur der winterlichen Schneedecke bestimmte Untergrenze des diskontinuierlichen Permafrostes liegt für N-Lagen mit 1350 m ü.d.M. nochmals rund 100 m tiefer und stimmt etwa mit der Höhenlage der untersten Steinstreifen überein. Der höhere Wert der Untergrenze der aktiven Blockgletscher läßt sich aber allein schon durch die geringe Zahl der vorkommenden Blockgletscher (3 Stück im N-Sektor) erklären.

In dem durch Strukturböden gekennzeichneten Paßbereich zwischen Illmanhö und Simlepigg wurde die Untergrenze für Paß- und Kammlagen auf 1500 m ü.d.M. bestimmt. Einige BTS-Ergebnisse dazu sind in Abb. 58 dargestellt. Bei BTS45 deuten die im Paßbereich unter 1600 m ü.d.M. erhaltenen Temperaturmeßwerte auf leicht negative mittlere Bodentemperaturen, die jedoch signifikant höher liegen als die zwischen 1600 und 1670 m ü.d.M. gemessenen Punkte. Dies wird durch die bei T14, T15 und T16 gemessenen Temperaturen bestätigt (ohne Abb.). Die Meßstellen T17 und T18 wurden in tiefen Felsspalten im Gipfelbereich des Simlepigg eingerichtet. Die mittleren Temperaturen liegen hier in 3 m Tiefe nur wenige Zehntel Grad über dem Gefrierpunkt, was einerseits zeigt, daß permafrostfreie Stellen an S-exponierten Hängen noch in rund 1700 m ü.d.M. angetroffen werden. Andererseits lassen die Temperaturen nahe dem Gefrierpunkt vermuten, daß die Gipfelbereiche des zentralen Rondane-Gebietes oberhalb rund 1800 m ü.d.M. auch an den nach S exponierten Stellen größtenteils gefroren sein dürften und somit kontinuierlicher Permafrost vorkommt.

7. Methodische Erfahrungen und Ergebnisse

Die bei unseren Geländearbeiten verwendeten Methoden sind in einschlägigen Lehrbüchern ausführlich beschrieben. In der Regel fehlen dort jedoch spezielle Hinweise zum Einsatz dieser Verfahren in der Permafrostprospektion. In diesem Kapitel sollen daher einerseits unsere Erfahrungen mitgeteilt, andererseits methodisch interessante Ergebnisse, die insbesondere mit der Hammerschlagseismik, der Gleichstrom-Geoelektrik und der BTS-Methode gewonnen werden konnten, zusammengefaßt werden.

7.1 Die Rammsondierung

Die Rammsondierung erlaubt es, anhand des Rammfortschrittes Hinweise auf die Art des Untergrundmaterials zu gewinnen (vgl. HAEBERLI, 1975b: 73-74). Aus praktischen Gründen wurde in der Regel auf die Verwendung einer Rammspitze nach DIN-Normen verzichtet und eine gehärtete Spitze eingesetzt, die denselben Durchmesser von 22 mm zeigt wie die verwende-

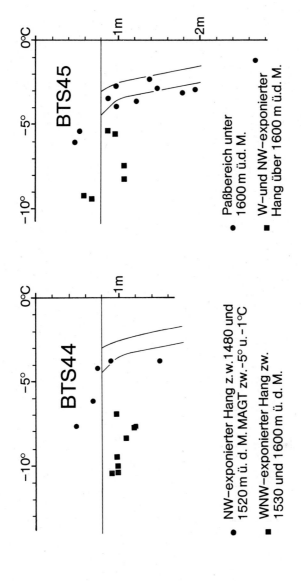

Abb. 58: Die Diagramme BTS44 und BTS45 bei Illmannhö (Testgebiet Rondane)

Fig. 58: Basal temperatures of snow cover BTS44 and BTS45 (Rondane)

ten Peilstangen. Rammsondierungen wurden in der Regel bei der Anlage von Bodentemperatur-Meßstellen durchgeführt (Abb. 59). Verwendet wurde ein Fallgewicht von 10 kg, bei Messungen in vereinfachter Form ein 8.5 kg schwerer Hammer aus Kunststoff, dessen gleichmäßiger Einsatz etwa denselben Rammfortschritt brachte wie das 10 kg-Gewicht bei einer Fallhöhe von 1.5 m. In ungefrorenem Lockermaterial brachten 5 bis 20 Schläge einen Rammfortschritt von 10 cm, in gefrorenem Material war dazu die zehnfache Zahl von Schlägen erforderlich. Das Auftreffen der Sonde auf große Felsblöcke läßt sich an der starken Vibration der Rammstange und am Zurückspringen des Hammers bzw. des Fallgewichtes erkennen. Der Permafrostspiegel läßt sich mit Hilfe unseres Vorgehens bis zu einer Tiefe von rund 2 Metern leicht und sicher erfassen. Bei größeren Auftautiefen ist die Verwendung einer 5 cm^2-Rammspitze und eines Hebegerätes zu empfehlen.

7.2 Die Bodentemperaturmessung

7.2.1 Verwendete Geräte und empfohlenes Vorgehen

Da Permafrost primär thermisch definiert ist, bilden Bodentemperaturmessungen die wichtigste Methode zum Nachweis von Permafrost. Zudem liefern sie oft gute Grundlagen für kritische Auswertungen von seismischen, geoelektrischen und BTS-Messungen. Entsprechend groß war der von uns bei den Bodentemperaturmessungen eingesetzte Zeitaufwand.

Die Genauigkeit der gemessenen Bodentemperaturen ist abhängig von der Art der eingesetzten Temperaturfühler und der verwendeten Meßgeräte, sowie von der Gestaltung der jeweiligen Meßstelle. Diese muß so angelegt sein, daß der Temperaturfühler Kontakt zu seiner messenden Umgebung besitzt, und daß keine verfälschende Wärmeleistung durch das Bohrloch auftritt. Das Meßgerät muß eine genügende Zeit- und Temperaturstabilität aufweisen und an den Fühlern darf keine unzulässige Verfälschung der Meßwerte durch den Meßstrom oder durch mangelnde Zeitstabilität auftreten. Nach der Vorstellung der verwendeten Instrumente wird im folgenden das zu empfehlende Vorgehen kurz skizziert.

<u>Temperaturfühler</u>: Zu Beginn unserer Arbeiten im Sommer 1977 stellte sich für uns aus finanziellen Gründen die Alternative, wenige Meßstellen mit teuren Widerstandsthermometern oder aber eine große Zahl von Meßstellen mit vielen, preisgünstigen Thermistoren zu versehen (Preisverhältnis rund 100 zu 1). Um der regionalen Fragestellung gerecht zu werden, haben wir uns für die zweite Lösung entschieden. Es kamen schließlich stäbchen- bzw. scheibchenförmige Thermistoren von wenigen Millimetern Durchmesser zum Einsatz. Erstere hatten Nennwiderstände von 4.7 kOhm bei 23 $°C$ und 19 kOhm bei -10 $°C$ (Typ 2322 635/02472, Valvo), letztere von 33 kOhm bei +25 $°C$, 70 kOhm bei +10 $°C$ und 200 kOhm bei -10 $°C$ (Typ 2322 642/133, Valvo). Der Einsatz von Thermisto-

Abb. 59:
Rammsondierung bei
Juvasshytta, Juli 1977

Fig. 59:
Sounding with steel
rod near Juvasshytta

Abb. 60: Geoelektrische Sondierung im Veidalen mit Meßeinheit
(rechts) und Leistungseinheit (links). Im Hintergrund ist
der Ullsfjord zu erkennen.

Fig. 60: Geoelectrical sounding in Veidalen

ren mit einem niedrigeren Nennwiderstand (z.B. 4.7 oder 1.5 kOhm) ist zu empfehlen, da hier die Gefahr von Kriechströmen geringer ist. Scheibchenförmige Thermistoren scheinen nach unseren Erfahrungen geringere Alterungseffekte zu zeigen.

Größere Meßungenauigkeiten können vor allem durch die sogenannte Drift der Thermistoren entstehen, d.h. daß sich trotz gleichbleibender Temperatur die Widerstände der Fühler über einen längeren Zeitraum verändern können. Kontrollmessungen haben gezeigt, daß diese Veränderungen bei unseren Thermistoren in der gleichen Richtung wirksam werden: der gemessene Widerstand nimmt bei gleichbleibender Temperatur mit der Zeit zu. Diese Alterungseffekte können durch Vorgänge im Heißleitermaterial bedingt sein, aber auch durch solche zwischen Heißleiter und Anschlußdraht hervorgerufen werden. Um die Drift der Thermistoren bestmöglichst zu erfassen, wurden alle eingesetzten Temperaturfühler vor und, soweit möglich, auch nach den Feldmessungen geeicht. Besonders genau wurde die Temperatur im Nullpunktbereich überprüft (Verwendung eines Eispunktthermometers mit $1/100\ ^{\circ}C$ Skalenteilung).

Das Ergebnis kann wie folgt zusammengefaßt werden: Bei 60 % aller Thermistoren ist die Drift kleiner als die angestrebte Genauigkeit von $0.1\ ^{\circ}C$, bei 35 % liegt sie unter $0.2\ ^{\circ}C$ pro Jahr und bei 5 % übersteigt sie diesen Wert. Bei einem Thermistor mußte gar eine Abweichung von $1\ ^{\circ}C$ pro Jahr festgestellt werden. Ein vergleichbares Ergebnis erhielten wir bei der Nacheichung von zehn Thermistoren, die im August 1968 von B. FORSGREN in Tarfala vergraben wurden (Kontrollzeit = 13 Jahre). Bei fünf Thermistoren ist keine Drift zu beobachten, bei vier Thermistoren liegt diese zwischen 0.0 und $0.1\ ^{\circ}C$ pro Jahr und bei einem Thermistor mußten gar $0.27\ ^{\circ}C$ pro Jahr festgestellt werden.

Insgesamt sind daraus folgende Schlußfolgerungen zu ziehen:
- Alle Thermistoren sind nach Möglichkeit vor und nach der Meßperiode zu eichen. Die Einzelablesungen sind gegebenenfalls, unter Annahme einer konstanten Widerstandsänderung mit der Zeit, zu korrigieren.
- Extrem stark driftende, d.h. nicht verwertbare Thermistoren sind selten und können bei der Nacheichung, z.T. aber schon vor dem Einsatz als solche erkannt werden. Sie zeigen dann einen vom verlangten Nennwert der Serie stark abweichenden Widerstand. (Bei unseren Messungen stellten sich von 106 nachgeeichten Thermistoren 2 nachträglich als nicht verwendbar heraus.)
- Aus Sicherheitsgründen wird empfohlen, jede Meßstelle mit möglichst vielen Thermistoren in verschiedenen Tiefen zu versehen. Dabei hat sich für unsere Fragestellung ein Abstand von 30 cm als sinnvoll erwiesen, d.h. bei einer 180 cm tief reichenden Meßstelle sind 6 Thermistoren einzusetzen. Die Oberflächentemperatur kann, falls von Interesse, mit einer Schneesonde bzw. einem zusätzlichen Meßfühler festgestellt werden.

- Um Korrosionsschäden zu vermeiden, sind die Thermistoren mit einem nichtaggressiven plastischen Kunststoff zu umhüllen (Plastikspray, Styropor o. ä.). Entscheidet man sich dafür, die Thermistoren in Gießharz einzubetten, so sind sie vorher mit Silikonkautschuk zu überziehen, da Gießharz aggressive Stoffe enthält, die das Heißleitermaterial angreifen können!

Bei Berücksichtigung der obengenannten Punkte sind Thermistoren für die Registrierung von Bodentemperaturen bei ähnlichen Fragestellungen durchaus zu empfehlen. Kosten und Nutzen stehen, insbesondere beim Einsatz großer Stückzahlen über eine befristete Zeit (z. B. zwei Jahre) in einem vernünftigen Verhältnis. Für den Einsatz bei selbstregistrierenden Dauereinrichtungen oder an Stellen, an denen eine Genauigkeit von mehr als 0.1 °C angestrebt wird, ist jedoch die Verwendung von Widerstandsthermometern (z. B. Pt 100) angezeigt.

Meßgeräte: In den 60er Jahren und noch Mitte der 70er Jahre wurde in der Regel der temperaturabhängige Widerstand eines Heißleiters (Thermistors, NTC-Fühlers) mit einer Wheatstone'schen Brücke gemessen (vgl. z. B. ØSTREM, 1965: 24; eigene Erfahrungen konnten durch Mitarbeit in einem Vorprojekt von D. BARSCH, sowie bei Messungen an der Forschungsstation Tarfala bis 1977 gewonnen werden). Da beim Einsatz einer Brückenschaltung der Meßstrom gleich Null wird, kann theoretisch keine Verfälschung infolge der Erwärmung des Meßelementes durch den Meßstrom auftreten (vgl. NAROD, 1976). Andererseits fließt während des Einregulierens der Brücke, solange die Anzeige von Null verschiedene Werte anzeigt, ein Strom. Nach dem Abgleich sollte daher auch bei Brückenschaltungen eine gewisse Zeit beobachtet werden, ob der Widerstand konstant bleibt.

Die enormen Fortschritte in der Mikroelektronik haben in den letzten Jahren den Bau kleiner, batteriebetriebener Digital-Multimeter ermöglicht, deren Meßstrom weit unter 100 µ Amp liegt. Damit ist, nach den Handbüchern der Herstellerfirmen von Thermistoren (Siemens, Valvo), eine Meßwertverfälschung nicht zu befürchten. Experimentell haben wir eine Erwärmung um 0.01 °C bestimmt. Kontrolliert wurde auch die Zeit- und Temperaturstabilität der verwendeten Meßgeräte. Sie war in allen Fällen weitaus besser als angegeben (s. u.). Eingesetzt wurde meist das viereinhalbstellige Gerät "DATA PRECISION 258" sowie als Ersatz- und Ausleihgerät das äußerst robuste und preisgünstige dreieinhalbstellige "METRAVO 3D" (BBC). Bei älteren Geräten kann insbesondere die Temperaturstabilität ungenügend sein. Dies ist jedoch leicht durch Messungen mit Hilfe einer Kühltruhe oder Klimakammer festzustellen. Die Genauigkeit des Meßgerätes DATA PRECISION 258 beträgt nach der Gerätebeschreibung:

Meßstrom = max. 3.5 µ Amp.
Genauigkeit (1 Jahr bei 23 °C) = ± (0.1 % Anzeige + 1 digit)
Temperaturkoeffizient = ± (0.1 % + 0.01 % Bereich) / 20 °C

Bau der Meßstelle: Bei Arbeiten im Hochgebirge ist es oft nicht möglich, schweres Bohrgerät mitzunehmen. In all diesen Situationen hat sich das schon beschriebene Schlagen der Bohrlöcher mit Peilstangen bewährt. Das Gesamtgewicht von drei 1 m langen Peilstangen, Kunststoffhammer, Schlagkopf und Griff beträgt nur 15.5 kg. Auf die Mitnahme einer Hebevorrichtung (Modell Lehmann, 12 kg schwer) kann bei Tiefen bis zu 3 m in der Regel verzichtet werden. Nur in Ausnahmefällen, an gut zugänglichen Stellen (Juvasshytta), wurde die "leichte Rammsonde" (Künzelstab, Gesamtgewicht mit Hebevorrichtung und vier 1 m-Peilstangen = 40 kg) eingesetzt. Damit konnten Tiefen bis zu 3.8 m erreicht werden. Größere Tiefen erfordern in dem vorhandenen Material in den meisten Fällen den Einsatz von Bohrmaschinen (z.B. MINUTEMAN, vgl. BARSCH et al., 1979). Der dabei anfallende Arbeitsaufwand ist jedoch für die Gewinnung einer punktuellen Information im Rahmen unserer Fragestellung zu groß.

Einbau der Temperaturfühler: Die für eine Meßstelle bestimmten Thermistoren wurden in einem dünnen Plastikrohr ($\emptyset$ = 15 bis 22 mm) in der gewünschten Zahl und in den vorgesehenen Abständen fixiert, das Rohr an den Meßpunkten seitlich weit aufgeschnitten und bei jedem Thermistor nach oben und nach unten abgedichtet. Das derart präparierte Rohr wurde in das mit den Peilstangen gerammte Loch eingeführt. Die Messungen zeigten, daß sich die Fühler bei dieser Anordnung sehr rasch an die Umgebungstemperatur angleichen, ihr Kontakt mit der Umgebung also gut ist. Trotzdem wurde die erste in die Auswertungen einbezogene Messung jeweils nach frühestens 24 Stunden vorgenommen.

Die angelegten Meßstellen sind so zu markieren, daß sie auch bei der Ende des Winters vorhandenen Schneedecke, möglichst aber auch im Nebel oder bei dichtem Schneetreiben sicher aufgefunden und abgelesen werden können. Da bei unseren Arbeiten im Regelfall an einer Bohrstelle mehrere Temperaturfühler eingebracht wurden, mußten die Kabelenden so gekennzeichnet sein, daß auch Jahre später noch eine eindeutige Zuordnung zu jedem einzelnen Thermistor möglich war. Dabei konnte die Beschriftung der Meßkabel durch Verwendung verschiedenfarbiger Zuleitungen und Anbringen einer bestimmten Zahl von Knoten umgangen werden. Der Einsatz dünner Plastikrohre erleichterte in den meisten Fällen das Wiederausbringen der Thermistoren zur Nacheichung ganz erheblich. So konnten noch nach Jahren zumindest Teile des Rohres oder des Kabelbaumes mit mehreren Thermistoren ohne zeitaufwendige Grabarbeiten entnommen werden.

7.2.2 Aussagemöglichkeiten der Bodentemperaturmessungen

Das Ablesen der Bodentemperaturfühler nach Ende des Sommers und am Ende des Winters (etwa Mitte September bzw. März) erlaubt es, während des Meßzeitraumes die mittlere Jahrestemperatur am untersten Fühler recht genau zu bestimmen. Je nach Tiefe der Fühler und Länge des Meßzeitraumes kann damit auch die Temperatur an der ZAA mehr oder weniger genau geschätzt werden. Die gemessenen Bodentemperaturen helfen einerseits bei der Interpretation von seismischen, geoelektrischen oder BTS-Meßwerten. Andererseits können damit, falls Permafrost vorkommt, unter Annahme eines geothermischen Tiefengradienten, erste Schätzungen der Permafrostmächtigkeit vorgenommen werden.

Die Genauigkeit der geschätzten Permafrostmächtigkeit soll keinesfalls überinterpretiert werden. Erstens ist der verwendete geothermische Gradient von 3 ^{o}C/100 m ein Mittelwert, der zwischen 2 ^{o} und >4°C/100m schwanken kann. Von ebenso großer Wirkung auf die geschätzte Permafrostmächtigkeit ist aber, daß das Klima sich verändern kann, aber die Neubildung bzw. das Abschmelzen von Permafrost bis zu einem neuen Gleichgewicht sehr viel Zeit benötigt. An einem eindrücklichen Beispiel zeigen LACHENBRUCH & MARSHALL (1969: Abb. 4), daß die klimatische Erwärmung um 4 ^{o}C zwischen der Mitte des letzten Jahrhunderts und den 50er Jahren zu Relikt-Permafrost von über 100 m Mächtigkeit führte (vgl. auch CERMAK, 1978). Unter Berücksichtigung dieser Gesetzmäßigkeiten geben Bodentemperaturmessungen gute erste Anhaltspunkte für die Größenordnung der vorhandenen Permafrostmächtigkeit.

Abschließend sei noch darauf hingewiesen, daß über die Ausbildung der Permafrostuntergrenze allgemein sehr wenig bekannt ist. Immerhin stellt NICHOLSON (1978: 429) fest, daß in seinem Untersuchungsgebiet die Permafrostuntergrenze wesentlich stärker schwankt als das Relief der Oberfläche. Dies ist, infolge der kleinräumig verschiedenen Ökologie (Einflüsse der Schneehöhe, Gewässer, Gletscher etc.),auch in unseren Testräumen zu erwarten.

7.3 Die refraktionsseismische Sondierung

7.3.1 Verwendete Geräte und methodisches Vorgehen

Bei allen refraktionsseismischen Arbeiten wurde das Gerät BISON 1570B eingesetzt. Im Sommer 1977 konnten wir, nach einem Defekt an unserem Gerät, die kleinere Ausführung 1550 testen. Sie erwies sich als gleichwertig bezüglich der seismischen Aussage. Die merklich kleinere Größe macht die Seismik "BISON 1550" zu einem sehr handlichen Einkanalgerät, ideal für den Einsatz im Hochgebirge.

Eine Einführung in die Refraktionsseismik gibt PARASNIS (1972). Das methodische Vorgehen bei hammerschlagseismischen Arbeiten im Hochgebirge wurde in KING (1976: 190-191) ausführlich beschrieben. Darüber hinaus sei hier auf zwei wesentliche Punkte hingewiesen, denen nach unseren Beobachtungen nicht immer die notwendige Beachtung geschenkt wird:
1. Eine seismische Erstauswertung muß immer im Gelände erfolgen, eine nachträgliche Auswertung kann nur das Ergebnis verfeinern. Wird eine

Sondierungsstelle vor einer sicheren seismischen Erstauswertung verlassen, so können auch raffinierte Rechenprogramme die im Gelände unterlassenen Beobachtungen nicht ersetzen (z. B. Aufnahme von Relief und Untergrundmaterial, ein unterdrückter Ersteinsatz durch zu große Dämpfung u. a. m.).
2. Primärwellen können mit den später eintreffenden Scherwellen verwechselt werden. Dies kann zu Fehlinterpretationen führen, wenn die Primärwellen nicht registriert werden (z. B. materialbedingt starke Dämpfung). Die Fortpflanzungsgeschwindigkeit von Scherwellen ist rund halb so groß wie jene von Primärwellen (HOBSON & JOBIN, 1975: Tabelle III). Sie fallen im Bildschirm durch ihre große Amplitude und Wellenlänge auf.

Bei der Interpretation der Feldergebnisse wird das in Kapitel 3.4.1 beschriebene Vorgehen empfohlen.

7.3.2 Refraktionsseismische Ergebnisse

Schon 1976 haben erste Messungen von seismischen Geschwindigkeiten in gefrorenem Schutt gezeigt, daß diese ganz wesentlich unter 3000 m/s liegen können (KING, 1976; vgl. auch BARSCH, 1973: 147 und dort angeführte Literatur). In der vorliegenden Arbeit konnten diese Beobachtungen durch eine große Zahl von Messungen verfeinert werden. Es sind, von wenigen Ausnahmen abgesehen, die in Tabelle 22 aufgeführten Werte gemessen worden.

Tab. 22: Geschwindigkeiten von Primärwellen

Table 22: Typical seismic velocities

v_p in m/s	Material
300 bis 650:	trockener Blockschutt
500 bis 1100:	feinmaterialreicher Schutt
1100 bis 2000:	feuchter oder wassergesättigter Schutt
1800 bis 3000:	Permafrostmaterial mit Temperaturen von 0 °C oder wenig darunter
2700 bis 3700:	Permafrostmaterial mit Temperaturen unter -1 °C
3500 bis 3700:	Lockermaterial mit Temperaturen unter -2 °C
3500 bis 3800:	Gletschereis, je nach Temperatur und Tiefe (in Abhängigkeit von Elastizitätskonstanten, vgl. HOBSON & JOBIN, 1975: 120).

Wir haben wohl die Daten einer größeren Zahl von seismischen Messungen vorliegen, doch fehlen in der Regel an diesen Meßstellen Bohrungen, die Aufschluß über die Materialart geben könnten. Zudem sind die genauen Bodentemperaturen zum Zeitpunkt der seismischen Messung nicht immer bekannt. Es ist uns daher nicht möglich, anhand der Meßwerte detailliert die Abhängigkeit der seismischen Geschwindigkeiten von Material und Temperatur zu erarbeiten. Die wissenschaftliche Literatur in diesem Themenbereich erlaubt uns aber, die Ergebnisse zu überprüfen und z.T. Rückschlüsse auf das vorhandene Untergrundmaterial zu ziehen.

Bei mehreren Interpretationen seismischer Geschwindigkeiten haben wir letztere als Funktion der Temperatur aufgefaßt. Die Richtigkeit dieser Annahme wurde an Beispielen plausibel gemacht. So konnten Geschwindigkeiten zwischen 1800 m/s und 3000 m/s gefrorenem Material zugeordnet werden, dessen Temperaturen bei 0 °C oder wenig darunter liegen. Parallelen dazu finden sich in den Diagrammen von ZARUBIN & PAVLOV (1978: 478) oder GAGNÉ & HUNTER (1974: 16). Temperatur/Geschwindigkeitsbeziehungen werden auch von DZHURIK & LESHCHIKOV (1978) beschrieben.

Zu ähnlichen oder gar weitaus größeren Effekten können aber auch Materialunterschiede führen, was durch Feld- und Laboruntersuchungen gezeigt werden konnte. Einen Literaturüberblick gibt HUNTER (1973). GAGNÉ & HUNTER (1974) haben im kanadischen Inselarchipel oberflächennahes Material mit einem einfachen Hammerseismographen untersucht. Unter einer nur 50 cm mächtigen Auftauschicht wurden bis in 2 m Tiefe sehr niedrige Geschwindigkeiten von meist unter 2000 m/s gemessen, dies trotz Bodentemperaturen von -2 °C bis -10 °C. Eisarmes Feinmaterial erreichte sogar erst in über 4 m Tiefe Geschwindigkeiten von mehr als 3000 m/s. Nur bei eisreichem Material und Bodeneis fand der Geschwindigkeitsanstieg von 1800 m/s auf über 3000 m/s schon vorher statt. Korngrößenmäßig handelte es sich um Material der Ton- bis Sandfraktion.

Unsere seismischen Arbeiten wurden in der Regel auf Blockschuttwällen, Blockgletschern, Schutthängen oder mit Frostschutt überdeckten Hochflächen durchgeführt. Mächtige Feinmateriallagen dürften hier nicht vorkommen. Die von uns dargestellte Beziehung zwischen der Bodentemperatur und der seismischen Geschwindigkeit bleibt daher sinnvoll. Einzig bei den Profilen S89, S91 und S95 ist nicht auszuschließen, daß unter der oberflächlichen Grobschicht alte Seesedimente des Tarfalasjö auftreten könnten. Abzuklären wäre dies jedoch nur durch Bohrungen.

Zusammenfassend darf festgestellt werden, daß sich die hammerschlagseismische Sondierung als rationelle Methode zur Kartierung von Permafrost und zur Bestimmung der Mächtigkeit der Auftauschicht bewährt hat (vgl. dazu FERRIANS & HOBSON, 1973). Allerdings ist bei der materialmäßigen Interpretation der Meßwerte das gesamte Spektrum der Möglichkeiten ins Auge zu fassen. Permafrost in Grobschuttmassen bietet für die seismische Interpretation optimale Voraussetzungen. Hier kann die in Tabelle 22 vorgestellte Zuordnung von Material und Temperatur zu Geschwindigkeiten durchgeführt werden. Schwerer zu deuten sind oft die in sehr feinen Sedimenten (Schluff oder Ton) erhaltenen Geschwindigkeiten, da sich hier die Geschwindigkeitsbereiche von gefrorenem und ungefrorenem Sediment überlappen (GAGNÉ & HUNTER, 1974). Dabei scheint auch der Anteil an ungefrorenem Wasser eine Rolle zu spielen. Schwierig zu deuten sind Geschwindigkeiten zwischen 1800 und 2000 m/s auch in Feinmaterial, da stark angetauter Permafrost sich seismisch nicht von wassergesättigtem Sediment unterscheidet. Die Mächtigkeit gefrorener Schuttmassen über Fels kann schließlich nur im kristallinen Bereich festgestellt werden, denn gefrorener Schutt aus Sedimentgesteinen (z. B. Sandsteine, Dolomit) zeigt die gleichen seismischen Geschwindigkeiten wie das Anstehende (HOBSON & JOBIN, 1975: 119f.).

7.4 Die geoelektrische Sondierung

7.4.1 Verwendete Geräte und empfohlenes Vorgehen

Wir haben für unsere geoelektrischen Sondierungen das Gerät Gga 30 der Bodenseewerke benutzt (Bodenseewerk Geosystem GmbH, Überlingen), das mit fixen Gleichspannungen von 60, 120 oder 300 Volt arbeitet. Die Eliminierung von Störspannungen ermöglicht eine sehr hohe Meßempfindlichkeit (vgl. DEPPERMANN, 1968 oder KOEFOED, 1979: 12-14). Der Eingangswiderstand im Spannungsmeßkreis liegt bei rund 200 GOhm, was den Einsatz des Gerätes in sehr hochohmigem Material erst sinnvoll ermöglicht.
Die Verwendung hoher Spannungen, die gute Störunterdrückung und hohe Empfindlichkeit der Meßeinheit ermöglichen Sondierungen mit weiten Auslagen (Abb. 60). Die methodischen Grundlagen der geoelektrischen Sondierung werden in den einschlägigen Lehrbüchern der Geophysik vorgestellt (z. B. DEPPERMANN et al., 1961; KOEFOED, 1979). Praktische Hinweise zu den Feldarbeiten geben FLATHE & LEIBOLD (1976).
Allgemeines zur Interpretation der Sondierungskurven wurde schon detailliert in Kapitel 3.5 behandelt (Äquivalenzprinzip, Mindestmächtigkeit einer Schicht, vgl. auch KING, 1982). An den gleichen Stellen wird auch auf die bei extremen Widerstandsunterschieden auftretenden Schwierigkeiten hingewiesen (übersteiler Anstieg bzw. steiler Abfall, Lateraleffekte etwa bei Blockgletschern).
Bei der Interpretation von Sondierungskurven mit starken Widerstandsunterschieden ist die Berechnung von Modellkurven erforderlich (FIELITZ 1978). Die Interpretation mit Hilfe von Kurvenatlanten genügt nicht.

In der Regel wurde versucht, mit Hilfe der Schlumberger-Konfiguration zu sondieren. Die besonderen Reliefbedingungen des Hochgebirges zwangen uns aber häufig zur asymmetrischen Auslage nach Hummel (vgl. KING, 1982: 142). Da die Gefahr von Lateraleffekten im Hochgebirge besonders hoch ist, sind Zusatzsondierungen an benachbarten Stellen oder mit anderer Konfiguration unbedingt zu empfehlen. Bei der Vergrößerung des Sondenabstandes sind Rückmessungen mit starker Überlappung durchzuführen (vgl. dazu auch die methodischen Erfahrungen von SÉGUIN, 1974b: 350). Bei der Auswahl von Sondierungsstellen zeigt sich in hochalpinem Gelände oft, daß ihre Zahl durch die methodischen Anforderungen der geoelektrischen Sondierung stark eingeschränkt wird (Raum für große Auslagen, möglichst schichtparalleler Fall). Das heißt: nicht jedes von der Fragestellung her interessierende Objekt läßt sich sinnvoll auch geoelektrisch untersuchen. Schon BARNES (1963: 354) weist auf die Erleichterungen hin, die entstehen könnten, wenn geoelektrische Sondierungen im Winter durchgeführt werden. Der Wegfall einer ungefrorenen ersten Schicht erlaubt bei kürzeren Auslagen eine einfacher zu interpretierende Sondierungskurve. Aus logistischen Gründen konnten wir aber bislang keine Sondierungen im Winter durchführen.

7.4.2 Geoelektrische Ergebnisse

Für ungefrorenen Schutt wurden spezifische Widerstände zwischen 1000 und 10 000 Ohm-m erhalten.
Niedrigere oder auch höhere Werte kommen jedoch unter besonderen Umständen vor (Feinmaterialanteil, Wassergehalt, Leitfähigkeit des Gesteins bzw. des Grundwassers). So können bei extrem trockenem grobblockigem Schutt die spezifischen Widerstände auf über 40 000 Ohm-m ansteigen (Abb. 61).
Bei gefrorenem Schutt liegt der spezifische Widerstand zwischen 10 000 Ohm-m und 1 MOhm-m. Er ist stark vom Eisgehalt abhängig. Eindeutig erfassen lassen sich daher immer größere Eiskörper, da deren Widerstand weit über 10 MOhm-m beträgt. Neben dem Eisgehalt bestimmt aber auch die Permafrosttemperatur die Größe des elektrischen Widerstandes. So konnten wir einen signifikanten Widerstandsanstieg in Schutt erst bei Temperaturen unter -1 $^{\circ}$C feststellen. MACKAY (1969:374) schließt aus seinen Messungen, daß sich der spezifische Widerstand bei einer Temperaturerniedrigung um 1.5 bis 2 $^{\circ}$C jeweils verdoppelt. Auch bei ihm überlappen sich die Widerstandsbereiche von gefrorenem und ungefrorenem Material; eine eindeutige Trennung ist daher nicht immer möglich.

Im Fels konnten wir bei unseren Sondierungen ebenfalls signifikante, temperaturbedingte Widerstandsunterschiede feststellen. In Juvasshytta erhöht sich der Widerstand durch Auftreten von Permafrost um das 2- bis 6-fache, wobei jedoch die Permafrosttemperatur in keinem Falle unter -5 $^{\circ}$C liegt. Nach SÉGUIN (1974a: 59) werden die Unterschiede zwischen der Leitfähigkeit von permafrostfreiem und Permafrost-Fels durch den Anteil an ungefrorenem Wasser beeinflußt. Dieser ist abhängig von Felstemperatur und Porosität. Andere Faktoren (z.B. Salzgehalt des Porenwassers, vgl. KELLER & FRISCHKNECHT, 1966: 31f.) sind für die Größe des Widerstandsunterschiedes vergleichsweise von geringer Bedeutung,

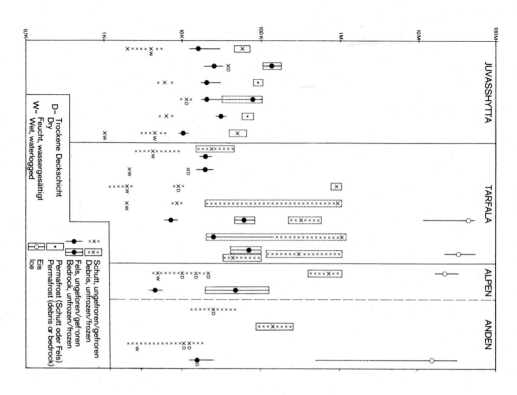

Abb. 62: Dichtebestimmung im Schneeschacht (Sognefjell)

Fig. 62: Measurement of snow density in snow pit

Abb. 61:
In Modellrechnungen verwendete spezifische Widerstände (in Ohm-m). Die Angaben aus den Alpen und Anden stellen Mittelwerte aus noch unveröffentlichten Arbeiten dar

Fig. 61:
Typical specific resistivities (in Ohm-m) as applied in model calculations. Values from the Alps and the Andes are average values obtained during still unpublished studies

124

aber doch in recht komplexer Art vorhanden (OLHOEFT, 1978) und wesentlich schwieriger zu fassen als bei Sedimenten (JOHNSTON, 1981: 125-127). Entsprechend groß sind die Abweichungen bei den in der Literatur angegebenen Widerstandsverhältnissen zwischen ungefrorenem und gefrorenem Fels (vgl. Literatur in KING, 1982: 156). Bei einigen Arbeiten fehlt leider eine Angabe oder Abschätzung der Permafrosttemperatur.

Die Möglichkeiten von geoelektrischer Sondierung und Refraktionsseismik sollen abschließend im Vergleich bewertet werden: Mit beiden Methoden kann die Mächtigkeit der Auftauschicht bestimmt werden. Darüber hinaus ist es mit der geoelektrischen Sondierung möglich, die Untergrenze von hochohmigem Permafrost sowohl in Lockermaterial als auch im Fels festzustellen. Außerdem erlaubt die Geoelektrik, im Unterschied zur Refraktionsseismik, Bodeneiskörper qualitativ und quantitativ zu erfassen. Bei Mehrschichtfällen werden die Ergebnisse der geoelektrischen Sondierung infolge des Äquivalenzprinzips allerdings mehrdeutig. Hier müssen die Resultate anderer Methoden (Seismik, morphologische Kartierungen etc.) zur Interpretation hinzugezogen werden. Trotz dieser Schwierigkeiten stellt die geoelektrische Sondierung eine der wichtigsten Forschungsmethoden zur Erfassung von Permafrostvorkommen dar (MACKAY & BLACK, 1973: 190; MELNIKOV, 1978: 692). Sie erlaubt es, mit einem relativ geringen personellen und zeitlichen Aufwand wesentliche quantitative und qualitative Aussagen zu gewinnen, deren Genauigkeit erst durch aufwendige Bohrungen übertroffen werden kann. Seit Abschluß unserer Feldarbeiten in Skandinavien gewinnt die Geomagnetik zunehmende Bedeutung als Sondierungsmethode. Sie ist zur Erfassung großer, massiver Eiskörper geeignet und gibt bei vielen morphologischen Fragestellungen eindeutige Antworten (Vorkommen von "Ice-cored Rockglaciers"?, vgl. KING & HAEBERLI, Manuskript, 1984).

7.5 Die BTS-Methode

7.5.1 Verwendete Geräte und empfohlenes Vorgehen

Es sind die gleichen Meßgeräte verwendet worden, wie für die Ablesung der Bodentemperaturfühler (dreieinhalb- bzw. viereinhalbstellige, digitale Multimeter). Obwohl die erstrebte Genauigkeit von $0.1\,^\circ C$ auch mit einem dreieinhalbstelligen Meßgerät erreicht werden kann, ist für ein rationelles Arbeiten der Einsatz des viereinhalbstelligen Gerätes unbedingt zu empfehlen. Mit letzterem können relative Temperaturänderungen in der Schneesonde von weniger als 1/100stel Grad Celsius verfolgt werden; eine Erhöhung um $0.1\,^\circ C$ bewirkt eine Widerstandsänderung von 26 Ohm! Die Anpassung der Fühlertemperatur an den zu messenden BTS-Wert erfolgt asymptotisch und kann mit dem genaueren Gerät exakt mitverfolgt werden. Dies bedeutet geringeren Zeitaufwand und zuverlässigere Resultate.

Schwierigkeiten (Ausfall der LCD-Anzeige, Ausfall des Gerätes) wegen tiefen Außentemperaturen ergaben sich nicht, da die kleinen Meßgeräte

zwischen den einzelnen Messungen in der Daunenjacke offenbar genügend
stark aufgeheizt wurden, um auch bei Außentemperaturen bis -30 °C während
mindestens 15 Minuten einwandfrei funktionieren zu können. Es wird
empfohlen, die Temperaturkonstanz der Meßgeräte zu überprüfen, um sicherzustellen,
daß die abgelesenen Meßwerte unabhängig von der Gerätetemperatur sind.

Als Temperaturfühler für die Schneesondierung haben sich 6.4 mm lange
Miniatur-Heißleiter bewährt (Durchmesser 1 mm), die mit einer Wärmeleitpaste
in Messingspitzen eingebettet wurden. Der relativ hohe Wärmeleitwert
der kleinen Fühler bedingt, daß der Meßstrom unter 10 µ Amp.
liegen sollte. Der Typ ist entsprechend zu wählen (z. B. Valvo 2322 627 21).
Als Zuleitungen sind handelsübliche kunststoffummantelte Litzenkabel zu
empfehlen. Gummiummantelte, flexible Koaxialkabel erwiesen sich als
ungünstig, da bei Temperaturen unter -20 °C die Isolation der Kabel brüchig
wurde. Auch hier ist ein Klimakammertest auf mechanische Beanspruchung
bei tiefen Temperaturen zu empfehlen.

Als Sonden wurden dickwandige Isolationsrohre in Längen von 75 cm bzw.
150 cm verwendet, die im Gelände je nach Bedarf mittels Innengewinde zu
der gewünschten Länge (3 bis 7 m) zusammengeschraubt werden konnten.
Während der gesamten BTS-Arbeiten waren keinerlei Defekte an den Sondenrohren
zu vermerken, obwohl die mechanische Beanspruchung täglich
extrem groß war!

Beim Feldeinsatz wird das Vorgehen nach HAEBERLI & PATZELT (1983)
mit drei Mann und drei Sonden empfohlen. Zur selben Zeit wird dabei die
erste, schon angeglichene Sonde abgelesen, die zweite Sonde kann sich der
Basistemperatur angleichen, und die dritte Sonde wird derweil von einer
der Hilfskräfte zum neuen Meßpunkt gebracht. Es ist ratsam, eine größere
Zahl von Meßpunkten entlang einer Profillinie in gleichbleibenden Abständen
aufzunehmen. Das zeitraubende Einmessen der Geländepunkte wird
so auf den ersten und letzten Meßpunkt reduziert. Die Abstände wurden
mit Hilfe einer markierten Lawinenschnur von 50 m Länge abgesteckt.
Auf diese Art ist es möglich, 40 bis 60 BTS-Werte pro Tag aufzunehmen,
falls keine zu großen Anmarschwege zu bewältigen sind. Einzelne BTS-
Werte wurden z. T. in Schneeschächten gewonnen, die zur Untersuchung
der winterlichen Schneedecke angelegt wurden (Abb. 62). Zur Temperaturmessung
wurden dabei Glasthermometer verwendet, zur Bestimmung der
Schneedichte Blechwürfel und Federwaagen.

7.5.2 Methodische Ergebnisse

In den letzten 15 Jahren ist von verschiedener Seite versucht worden, eine
Beziehung zwischen der mittleren Bodentemperatur und der Höhe der winterlichen
Schneedecke herzustellen (vgl. GRANBERG, 1973; NICHOLSON &
GRANBERG, 1973; NICHOLSON, 1978: 432). Erst HAEBERLI (1973 u.a.)

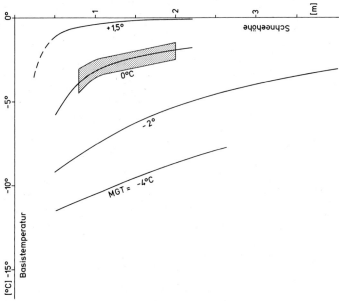

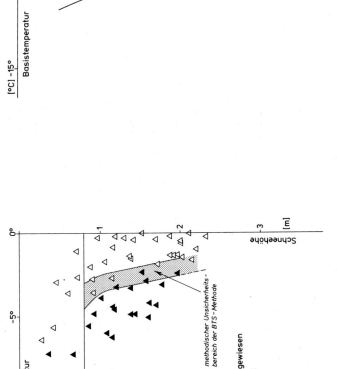

Abb. 63: Lage des methodischen Unsicherheitsbereiches der BTS-Methode (schematisch)
Fig. 63: Uncertainty range of BTS-method

Abb. 64: Die BTS-Werte als Funktion der Schneehöhe und der mittleren Bodentemperatur (MGT). Die Kennlinien sind durch exponentiale Regression ausgewählter Punkte der Profile BTS6, BTS9, BTS3, BTS12, BTS13, BTS14 und BTS18 erhalten worden.
Fig. 64: BTS-value, snow thickness and mean soil temperature

gelang es jedoch, eine rationelle Methode zu entwickeln, mit der es möglich ist, das Vorkommen von Permafrost durch Messung eines einzigen Temperaturwertes vorherzusagen: Der Basis-Temperatur der Schneedecke zum Ende des Winters (BTS-Wert). Die BTS-Methode ist inzwischen schon mehrfach erprobt worden und hat immer ermutigende Ergebnisse gezeigt (HAEBERLI & PATZELT, 1983). In Abb. 63 sind die von uns erhaltenen BTS-Werte und die winterlichen Schneehöhen für jene Punkte eingetragen worden, an denen das Vorkommen bzw. Fehlen von Permafrost gesichert war. Die Abbildung zeigt, daß der von HAEBERLI konstruierte "methodische Unsicherheitsbereich zwischen $-2\,^{\circ}$ und $-3\,^{\circ}C$" nur für eine Schneemächtigkeit von 1.5 m zutrifft und abhängig von der Schneehöhe ist. Wir haben diesen Bereich in seiner Breite beibehalten, aber in Abhängigkeit von der Schneehöhe zwischen 80 cm und 200 cm anders definiert.

Die Abb. 64 illustriert schematisch die Abhängigkeit der BTS von der winterlichen Schneehöhe bei angenommener MAGT. Bei einer vorgegebenen Schneehöhe läßt andererseits die BTS einen Rückschluß auf die zu erwartende MAGT zu. Die Breite des methodischen Unsicherheitsbereiches könnte noch verringert werden, allerdings wäre dies nur mit sehr langen Angleichungszeiten zu erreichen. Da unser Anliegen aber in einer möglichst großflächigen Kartierung lag, wurde dies nicht versucht.

Die BTS-Methode hat sich bei unseren Arbeiten somit sehr bewährt. Sie eignet sich einerseits zur flächenhaften Kartierung von Permafrostvorkommen im Winter und ist hier jeder anderen Methode überlegen. Die große Zahl unserer BTS-Messungen hat uns ermöglicht, den "methodischen Unsicherheitsbereich" von HAEBERLI (1973, 1978) genauer zu bestimmen und darüber hinaus mit Hilfe der BTS-Werte die mittleren Bodentemperaturen eines Gebietes abzuschätzen.

8. Die Verbreitung von Permafrost in Skandinavien - Schlußfolgerungen und Ausblick

8.1 Modell der Permafrostverbreitung in Skandinavien

In der vorliegenden Arbeit konnten die Untergrenzen des Vorkommens von Permafrost mittels einer großen Zahl verschiedenartiger Sondierungen in mehreren, weit auseinanderliegenden Testgebieten festgestellt werden. Im Rahmen dieser Fragestellung wurden 65 geoelektrische und 170 seismische Sondierungen durchgeführt, dazu an 575 Stellen BTS-Werte und an über 1000 Stellen die Schneehöhen registriert. Es wurden 50 Bodentemperatur-Meßstellen eingerichtet und an den dort vorhandenen 228 Thermistoren weit über 1000 Einzelablesungen vorgenommen. Ein erstes Ergebnis unserer Arbeit sind Kenntnisse über Permafrostvorkommen in den bearbeiteten Testgebieten, wie sie in den vorstehenden Kapiteln dargestellt wurden. Sie sind, dem Aufwand entsprechend, recht genau und detailliert.

Es ist nun die Absicht unseres Schlußkapitels, die vorhandenen Lokalbefunde in ein Gesamtbild einzuordnen und modellmäßig die Abhängigkeit der Permafrostvorkommen von den für sie wichtigsten Parametern zu zeigen.
Unser Ziel ist es, über die detaillierten Ergebnisse der Geländearbeiten in den Testgebieten hinaus, ein Modell zu entwickeln, das größenordnungsmäßig auch für die nicht untersuchten Gebiete zwischen unseren Untersuchungsräumen zutreffen dürfte. Dabei ist zwar zu erwarten, daß die Einflüsse von speziellen Gelände- und Lokalklimaten, aber auch die Auswirkungen von Klimaschwankungen zu Abweichungen von den theoretisch zu erwartenden Verhältnissen führen. Unser entwickeltes Modell kann aber Richtlinien geben, in welchem Ausmaß Permafrost in den diesbezüglich wenig untersuchten skandinavischen Hochgebirgen vorkommen muß. Sie sind sicher weitaus zutreffender, als die bislang durchgeführten Spekulationen anhand von wenigen Einzelbefunden.

Da beim Permafrost der höheren Breiten seit über 20 Jahren theoretische Ansätze dieser Art existieren, soll einleitend die dort vorgenommene Zonierung und deren klimatische Abhängigkeit vorgestellt und kurz diskutiert werden. Wie in Kapitel 1.1 definiert, wird das Permafrostgebiet der höheren Breiten in eine kontinuierliche, eine diskontinuierliche und eine sporadische Zone unterteilt (vgl. z.B. Karte von BROWN, 1967 in EMBLETON & KING, 1975: 28). Seit den frühen 60er Jahren wird in amerikanischen Arbeiten der sporadische Permafrost zum diskontinuierlichen hinzugerechnet (vgl. auch STÄBLEIN, 1977, 1979:Abb.1), wobei in der diskontinuierlichen Permafrostzone dann weiter differenziert wird zwischen der Subzone mit "widespread permafrost" und dem "southern fringe of permafrost region" (BROWN & PÉWÉ, 1973: 73). Dieser Grenzbereich entspricht der sporadischen Zone der älteren Einteilung: Der nur fleckenhaft vorhandene Permafrost nimmt hier weniger als 50 % der Gesamtfläche ein (KARTE, 1979b: 21-22). Südlich der sporadischen bzw. diskontinuierlichen Zone tritt noch "azonaler Permafrost" auf. Dies sind besonders kleine, inselartige Vorkommen, vor allem in Torfmooren (BROWN & PÉWÉ, 1973; vgl. dazu aber auch HAEBERLI, 1978). Aufgrund der zunehmenden Kenntnisse über Permafrostvorkommen mußten im Laufe der letzten 20 Jahre die Grenzen der Permafrostzone nach Süden hin korrigiert werden.

Auf kleinmaßstäbigen Karten von Nordamerika oder der Sowjetunion wird neben den erwähnten Grenzlinien auch häufig der Verlauf von Jahresisothermen eingetragen, wobei auffällt, daß in neueren Arbeiten die -6 $^\circ$C (bis -8 $^\circ$C)-Isotherme der Südgrenze der kontinuierlichen Permafrostzone entspricht, die -1 $^\circ$C-Isotherme der Südgrenze des sporadischen Permafrosts ("southern limit of permafrost"). Sporadische (= fleckenhaft diskontinuierliche) Vorkommen reichen nach BROWN (1967) oder BROWN & PÉWÉ (1973) bis zur -4 $^\circ$ oder -4.5 $^\circ$C-Isotherme nach Norden. WASHBURN (1979, 26f.) weist allerdings darauf hin, daß die Grenzen der Permafrostzonen nicht zwingend dem Verlauf der Isothermen der mittleren

jährlichen Lufttemperatur folgen müssen (Lit. dazu a.a.O.). Verantwortlich für die Abweichungen sind sicher edaphische Gründe (z.B. ausgedehnte Moorgebiete im Raum der Hudson Bay), z.T. aber auch der unterschiedliche Wissensstand und verschiedene Auffassungen von Begriffen wie etwa "kontinuierlich".
Anerkannt ist dagegen die Ansicht, daß an der Südgrenze der kontinuierlichen Zone die Permafrosttemperatur (in der Tiefe der ZAA) -5 $^{\circ}$C beträgt, ein Kriterium, das weiträumig allerdings schwieriger zu überprüfen ist als der Betrag der mittleren jährlichen Lufttemperatur (BROWN, 1963, 1973; HOLMGREN & KING, in Vorb.).

Im Vergleich zum Permafrost der höheren Breiten gibt es für den alpinen (oder montanen) Permafrost "bisher erst wenige Untersuchungen zur klimatischen Abgrenzung und Gliederung" (KARTE, 1979b; vgl. auch IVES, 1974: 188). Auch scheint gerade in einigen neueren Arbeiten ein Begriffswandel stattzufinden: Es wird zwar die ursprüngliche, aus den höheren Breiten bekannte Dreigliederung "kontinuierlich/diskontinuierlich/sporadisch" beibehalten, die Untergrenze des diskontinuierlichen Permafrosts wird aber in der Höhe der -1° bis -2°C-Jahresmitteltemperatur der Luft gesehen (HAEBERLI, 1978; HARRIS, 1982; KARTE, 1979b: 30). Der sporadische alpine Permafrost wird z.B. durch Eishöhlen repräsentiert, die selbst in Gebieten mit positiven Jahresmitteltemperaturen der Luft auftreten. Von der Ökologie her entsprechen diese als sporadisch bezeichneten, alpinen Vorkommen den azonalen der höheren Breiten außerhalb der sporadischen Zone (im ursprünglichen Sinne).

Wir haben in unseren Testgebieten drei verschiedene, reliefbedingte Untergrenzen von Permafrostvorkommen unterschieden: Die Untergrenze in N-exponierten Hängen, die Untergrenze in S-exponierten Hängen, sowie die dazwischenliegende Untergrenze für schneefreie Rücken und Wälle in Tallagen. Ähnlich begünstigt dürften die im Winter ebenfalls schneefreien Grate und Kämme in Hochlagen sein. Tabelle 23 zeigt, daß die Abstände (dh_1 und dh_2) zwischen den von uns im Gelände gemessenen Untergrenzen in allen vier Untersuchungsräumen die gleiche Größenordnung von rund 300 m bzw. 200 m einnehmen. Die Permafrostuntergrenze in S-exponierten Hängen entspricht der Untergrenze der Verbreitung des kontinuierlichen Permafrostes. Darüber liegt die "kontinuierliche Permafrost-Stufe" (Abb. 65). Die "diskontinuierliche Stufe" reicht bis zur Untergrenze in N-exponierten Hängen. Ihr oberer, größerer Abschnitt wird als "diskontinuierliche Stufe mit verbreitet auftretendem Permafrost" bezeichnet, der untere, kleinere Teil als "diskontinuierliche Stufe mit fleckenhaft auftretendem Permafrost". Darunter liegt die "sporadische Permafroststufe".

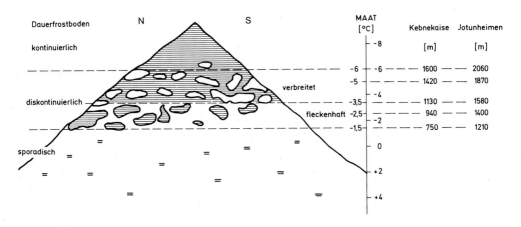

Abb. 65: Untergrenzen der Permafroststufen und Jahresmitteltemperaturen der Luft (schematisch)

Fig. 65: Altitudinal zonation of alpine permafrost

In verschiedenen Ansätzen haben wir nun versucht, diese Untergrenze mit Klimaparametern in Beziehung zu setzen. So wurden z.B. mit dem Ansatz von BARSCH (1977: 135f.), unter der Verwendung der Formel von TERZAGHI (a.a.O.), Frosteindringtiefen (t_f) und Auftautiefen (t_a), in Abhängigkeit von Monatsmitteltemperaturen für beliebige Höhen in ganz Lappland und das Gebiet Südskandinaviens zwischen 60.5 ° und 63 °N berechnet und daraus die Höhe der potentiellen Permafrostuntergrenze ($t_f = t_a$) bestimmt. Diesen Berechnungen wurden die "reduzierten Monatsmitteltemperaturen" von LAAKSONEN (1976a, 1976b, 1979) zugrunde gelegt, um damit die geländeklimatischen Einflüsse von z.B. Seen, Meeresarmen etc. auf die Werte der einzelnen Stationen zu eliminieren. Entsprechende Karten liegen vor, zeigen aber einige noch schwer zu deutende Erscheinungen, die auf zu starke Vereinfachungen bei den verwendeten Formeln und bei der Errechnung der "reduzierten Mitteltemperaturen" durch LAAKSONEN (a.a.O.) zurückgeführt werden müssen.

Ein weiterer Ansatz bestand darin, mittels der "Untergrenze der aktiven Blockgletscher" (BARSCH, 1977: 1978, 1980) die Permafrostuntergrenze zu bestimmen, führte jedoch zu keinem sinnvollen Ergebnis. Erstens fehlt für Skandinavien eine ebenso vorbildliche Blockgletscherkartierung, wie sie BARSCH (a.a.O.) für das Gebiet der Schweizer Alpen durchgeführt hat, und zweitens führt die Gleichsetzung der von ØSTREM (1964, 1965) beschriebenen Ice-Cored Moraines mit Blockgletschern zu falschen Ergebnissen: Ice-Cored Moraines sind definitionsgemäß an die Existenz von Gletschern geknüpft, ihre Kartierung ergibt daher die Höhe der Untergrenze von Gletscherzungen zur Zeit der Bildung der Ice-Cored Moraines (meist während der kleinen Eiszeit). Die Höhenlage der Ice-Cored Moraines verläuft daher, ebenso wie die Vergletscherungsgrenze, gegensätzlich zur Höhe der Blockgletscher-Untergrenze.

Unbefriedigende Resultate brachte vorerst auch die Berechnung von Gefrier- und Auftauindices bzw. Kälte- und Wärmesummen (vgl. GANDAHL, 1977, Fig. 7). Es ist aber beabsichtigt, diese Versuche fortzuführen, da einige neuere kanadische Arbeiten erfolgversprechende Ansätze zeigen (vgl. HARRIS, 1981a). Die genannten Indices könnten eventuell geeignet sein, um bei globalen Vergleichen die Verbreitungsgebiete typischer Periglazialformen darzustellen (HARRIS, 1981b, 1982).
Nach all diesen Versuchen zeigte es sich schließlich, daß die von uns bestimmten Höhen der Untergrenzen sich am sinnvollsten mit dem Wert der Jahresmitteltemperatur der Luft in diesen Höhen in Beziehung setzen lassen (vgl. Tab. 23). Zur Berechnung dieser Jahresmitteltemperaturen wurde eine einheitliche Wertebasis verwendet: Die Werte aus der Normalperiode 1931-1960 möglichst vieler umliegender Stationen. Beim Testgebiet Tarfala wird die Situation dadurch erschwert, daß Wetterstationen nur in Randbereichen des Kebnekaise-Sarek-Gebietes existieren (vgl. Abb. 66). Zudem registriert die nächstgelegene Station Nikkaluokta offenbar ein extremes Lokalklima (Inversionslagen). Die Lufttemperaturen der Forschungsstation Tarfala liegen erst seit den frühen 60er Jahren vor (vgl. Tab. 2). Es wurde angenommen, daß in der Normalperiode 1931/60 die Jahresmitteltemperatur hier um etwa 0.7 $^{\circ}$C höher gelegen hat (vgl. ÅHMAN, 1977: Figs. 28 & 29). Die drei Untergrenzen korrelieren dann mit Jahresmitteltemperaturen von -5.0, -3.4 bzw. -2.4 $^{\circ}$C der Periode 1931/60.

Bei der Bestimmung der Untergrenzen in unseren Testgebieten (Tab. 23) ist zu beachten, daß ausschließlich in Lagen sondiert worden ist, die von uns ohne spezielle bergsteigerische Ausrüstung erreicht werden konnten. Es waren dies maximal 45 $^{\circ}$ steile Hänge, in der Regel aber Hänge von geringerer Neigung. Um auch extremere Standorte in unsere Modelle einzubeziehen, erscheint es uns berechtigt, die Untergrenze der kontinuierlichen Stufe mit -6 $^{\circ}$C, die Untergrenze des diskontinuierlichen Permafrosts mit -1.5 $^{\circ}$C zu korrelieren. Die gut untersuchte Untergrenze in Graten, Kämmen, Wällen etc. bleibt naturgemäß bei -3.5 $^{\circ}$C (Abb. 65). Dabei bildet die "Untergrenze" einen mehr oder weniger breiten Übergangsbereich.

Tab. 23: Höhe der Untergrenze von Permafrostvorkommen in verschiedenen Lagen der Untersuchungsräume (in m) und dafür errechnete MAAT (in °C) für die Periode 1931/1960.

Table 23: Lower limit of alpine permafrost (m a.s.l.) and corresponding mean annual air temperature (°C).

Lage:	Tarfala	Lyngen	Jotunheimen	Rondane
S-Hänge (h_s)	1420/-5.0[1]	-	1880/-5.1	1770/-5.0
Wälle in Tallagen (h_t)	1120/-3.4[1]	1150/-3.0	1600/-3.6	1500/-3.6
N-Hänge (h_n)	920/-2.4[1]	960/-2.0	1400/-2.5	1300/-2.5
$dh_1 = h_s - h_t$	300	-	280	270
$dh_2 = h_t - h_n$	200	190	200	200
$MAAT_{red.}$ (1931/60)	+2.5 °C	+3.1 °C	+4.9 °C	+4.4 °C

[1] reduzierter Wert für die Normalperiode 1931/60

$MAAT_{NN}$ = Jahresmitteltemperatur der Luft in der Höhe des Meeresspiegels (Gradient = 0.53 °C/100 m, vgl. LAAKSONEN, 1976b).

Tab. 24: Die Höhenlage (in m ü.d.M.) der Isothermen von -1.5, -3.5 und -6 °C bei bekannter $MAAT_{NN}$ (mittlere jährliche Lufttemperatur auf der Höhe des Meeresspiegels in °C)

Table 24: Altitudes of selected isotherms (-1.5, -3.5, -6.0 °C)

$MAAT_{NN}$	-1.5 °C	-3.5 °C	-6.0 °C
+7°	1600	1980	2450
+6°	1420	1790	2260
+5°	1230	1600	2080
+4°	1040	1410	1890
+3°	850	1230	1700
+2°	660	1040	1510
+1°	470	850	1320
0°	280	660	1130

8.2 Die kartographische Darstellung der Permafrostuntergrenze in Hochgebirgen (vgl. auch KING, 1985).

Es stellt sich die Frage, wie die von uns gefundenen Untergrenzen kartographisch für einen Hochgebirgsraum dargestellt werden können. Wohl liegen aus verschiedensten Hochgebirgen der Erde Berichte über lokale Funde von Permafrost vor, und es ist auch versucht worden, Beziehungen zwischen der vermuteten Permafrostuntergrenze und der MAAT herzustellen (BARANOV & KUDRYAVTSEV, 1963; FURRER & FITZE, 1970; IVES & FAHEY, 1971; SCOTTER, 1975). In einigen Arbeiten sind Schnitte durch Hochgebirge konstruiert und Permafrostuntergrenzen, Jahresmitteltemperaturen und andere Grenzlinien eingetragen worden (Waldgrenze, Schneegrenze, Vergletscherungsgrenzen, Untergrenzen von periglazialen Formungsbereichen). Dabei wurde in der Regel ein N/S-Schnitt bevorzugt (BARSCH, 1977, Abb. 1+5; BARSCH, 1978, 1980; GORBUNOV, 1978; HARRIS & BROWN, 1982). Meist sind aber diese Beziehungen nur anhand von Einzelfunden hergestellt worden. Es würde zu weit führen, hier die Ergebnisse der obengenannten Arbeiten einzeln kritisch zu bewerten. Häufig wäre dies auch nur mittels genauer Lokalkenntnisse der angegebenen Fundorte möglich. Weiter stimmen die Unter- bzw. Südgrenzen des Permafrostes global nicht mit den gleichen Jahresmitteltemperaturen der Luft überein, sie werden auch durch die verschieden stark ausgeprägte Kontinentalität der jeweiligen Standorte beeinflußt (KARTE, 1979b: 150f.). Auch deshalb können die Ergebnisse der oben erwähnten Arbeiten, die in einigen Fällen als überholt betrachtet werden müssen, nicht einzeln besprochen werden. Unser Ziel soll vielmehr darin bestehen, eine für Hochgebirge praktikable, dreidimensionale Darstellungsweise zu finden, die der regionalen Fragestellung unserer Arbeit entspricht und flächenhaft für die zentralen Bereiche der Skanden die Darstellung der Permafrostuntergrenzen ermöglicht (vgl. dazu RUDBERG, 1977, Fig. 3). Die großräumige, flächenhafte Betrachtungsweise muß zwangsläufig zu einem Verlust an Genauigkeit führen, verhindert aber andererseits, daß klimatisch untypische Werte einzelner Wetterstationen unser regionales Ergebnis verfälschen.

Eine einfache kartographische Darstellung der Permafroststufen in Hochgebirgen, vergleichbar etwa der Darstellung der Permafrostzonen in den Nordpolargebieten, wird vor allem durch das Relief erschwert. Höhenunterschiede von 1000 bis 2000 m auf engstem Raum sind für Lufttemperaturunterschiede von 5° bis 10°C und mehr verantwortlich. Karten der mittleren monatlichen oder jährlichen Lufttemperaturen sind daher in gewisser Hinsicht auch Höhenschichtenkarten und werden in der Tat oft, mangels fehlender Stationen, anhand solcher entworfen und publiziert (z.B. die Karten der Lufttemperaturen des ATLAS ÖVER SVERIGE oder des CLIMATIC ATLAS OF EUROPE, 1970). Wir haben uns daher entschlossen, für unser Modell eine Karte der auf den Meeresspiegel reduzierten Tempe-

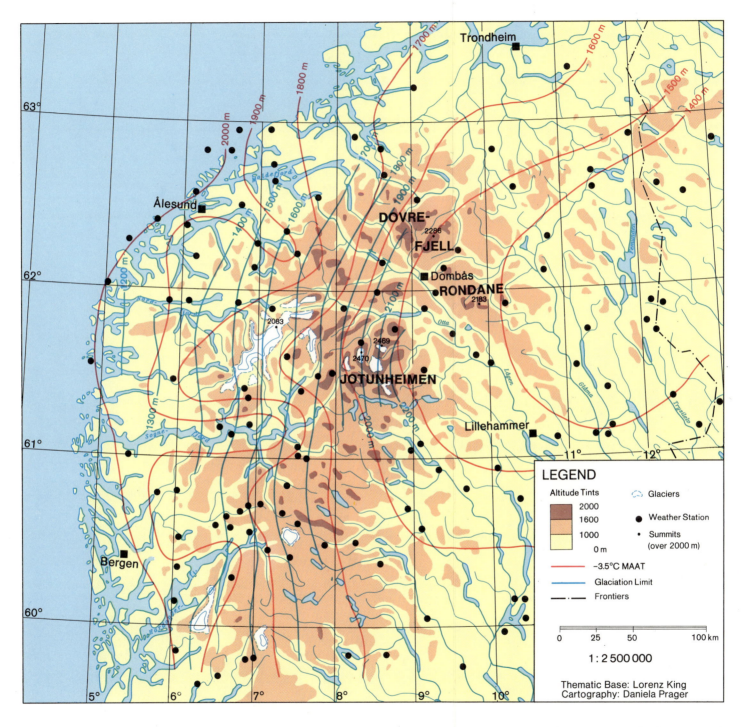

Abb. 70: Isothermenkarte von Südnorwegen
Fig. 70: Isotherm map of Southern Norway

Abb. 66: Isothermenkarte von Lappland
Fig. 66: Isotherm map of Lapland

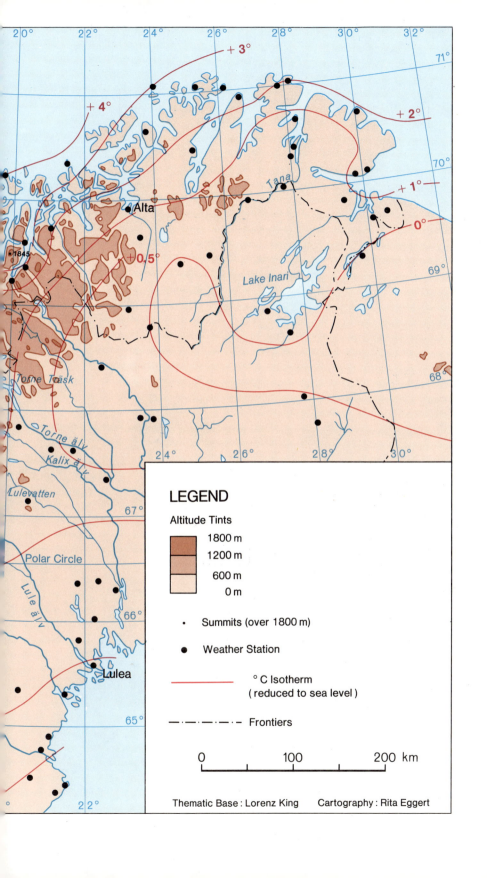

raturen als Grundlage zu entwerfen. Sie erlaubt, weitaus genauer als mit
den erwähnten "Höhenschichtenkarten", die Berechnung der MAAT für eine gesuchte Höhe.

Zur Berechnung der reduzierten mittleren jährlichen Lufttemperaturen
wurden wiederum die Temperaturen der Normalperiode 1931-1960 herangezogen. Aus dem nördlichen Fennoskandien liegen die Temperaturwerte
von 160 offiziellen Wetterstationen vor (KOLKKI, 1966; NORSK METEOROLOGISK ÅRBOK, SVERIGES METEOROLOGISKA OCH HYDROLOGISKA
INSTITUT, 1973). Die Temperaturen wurden mit einem Gradienten von
0.53 ^{o}/100 m auf die Höhe des Meeresspiegels reduziert und vom zentralen Bereich des so bearbeiteten Gebietes eine Isolinienkarte gezeichnet
(Abb. 66). Mit Hilfe dieser Karte und der Tabelle 24 kann für ein Gebiet
nun jene Höhe abgelesen werden, in welcher die mittlere jährliche Lufttemperatur einen bestimmten Betrag erreicht. Von besonderem Interesse
sind natürlich unsere Grenzwerte für die Permafroststufen von -1.5, -3.5
und -6 ^{o}C.

Die entworfene Karte zeigt, daß im Ausschnitt der Abb. 66 die berechneten
Temperaturen von +0.5 ^{o}C im E auf mehr als +4 ^{o}C im NW ansteigen. Die
Mitteltemperaturen einiger Wetterstationen lassen sich nicht in diese generelle Tendenz einordnen. Es sind rund 5 % der Stationen, die von den
Kartenwerten eine Abweichung von ±1 ^{o}C oder leicht mehr aufweisen. Auf
eine Einzelanalyse der Ursachen (spezielle Standort- oder Lokalklimate)
wurde vorläufig verzichtet. Es sei jedoch darauf hingewiesen, daß z.B.
eine abnorm tiefe Temperatur durch häufige Inversionslagen einerseits,
aber auch durch den Stationsstandort unmittelbar an einem Seeufer andererseits bewirkt werden kann.

Die Isothermen der Abb. 66 sind ihrerseits auch Isohypsen einer bestimmten MAAT; die +2 ^{o}-Isotherme entspricht z.B. der 1040 m-Höhenlinie für
eine MAAT von -3.5 ^{o}C (vgl. dazu Tab. 24). Die Karte (Abb. 66) ermöglicht uns somit, auf beliebigen Querschnitten durch Lappland nunmehr die
Höhe von Permafrostuntergrenzen einzutragen. Die Höhenlage dieser Untergrenze stützt sich, im Unterschied zu derjenigen in den obengenannten
Arbeiten, nicht mehr auf wenige Einzelfunde, sondern auf die Jahresmitteltemperaturen zahlreicher Wetterstationen und dürfte daher insbesondere
für kleinmaßstäbige Querschnitte durch Hochgebirge allgemeinere Gültigkeit besitzen. Die Abbildung 67 zeigt zwei Querschnitte durch Lappland mit
der Höhe der -6 ^{o}C- und -1.5 ^{o}C-Isotherme. Die ebenfalls eingetragene
Höhe der (Birken-) Waldgrenze wurde aus topographischen Karten, die Höhe der Vergletscherungsgrenze aus den Karten des Gletscheratlas entnommen (ØSTREM et al., 1973). Die Schnitte zeigen ein Absinken der Permafrostuntergrenzen zu den kontinentaleren Gebieten hin. Auffallend ist die
gegensätzliche Tendenz der Waldgrenze, die von 350 m ü.d.M. auf rund
800 m ansteigt. Die Vergletscherungsgrenze liegt in den kontinentaleren
Bereichen rund 900 m über der Waldgrenze; dieser Abstand wird in den

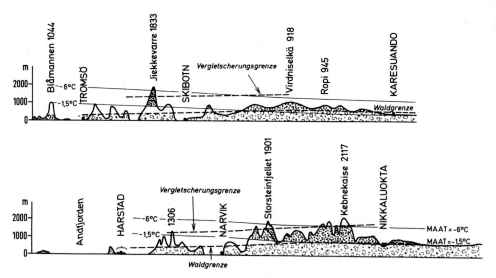

Abb. 67: Querschnitte durch Lappland mit Höhenlage der MAAT von -1,5 und -6°C, Lage der Waldgrenze und der Vergletscherungsgrenze (siehe Text)

Fig. 67: Sections across Lapland

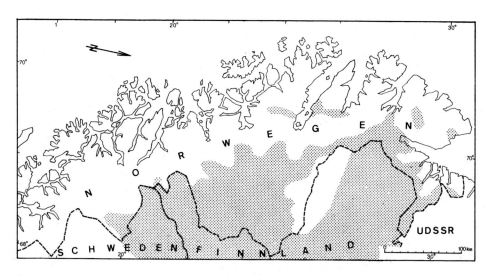

Abb. 68: Vorkommen von Palsas in Lappland. Darstellung in Nordnorwegen nach ÅHMAN (1977: 102), in den übrigen Gebieten schematisch ergänzt nach KARTE (1980) und eigenen Befunden

Fig. 68: Map of palsa localities in Lapland

Küstengebieten auf rund 700 m reduziert. Die Schnitte zeigen deutlich, daß große Teile der nördlichen Skanden im Bereich des diskontinuierlichen Permafrostes liegen müssen, ja daß ein beträchtlicher Teil der Gipfellagen im Kebnekaisemassiv zur Stufe des kontinuierlichen Permafrosts gerechnet werden muß. Auffallend am nördlichen Schnitt (Abb. 67, oben) ist, daß in Finnisch-Lappland, im Unterschied zu anderen Bereichen, ausgedehnte potentielle Waldgebiete in die diskontinuierliche Permafroststufe zu liegen kommen. Dies sind die Hauptverbreitungsgebiete typischer Palsas in Lappland (vgl. z.B. ÅHMAN, 1977). Die eindrücklichsten Palsaformen Skandinaviens werden daher durch die Faktoren Klima (diskontinuierlicher Permafrost), Vegetation (hohe Bioproduktion in potentiellen Waldgebieten) und Relief (Existenz schlecht drainierter Ebenen) gebildet. Sie erinnern mit ihrer Größe und ihrem verbreiteten Auftreten weit mehr an die Palsafelder z.B. von Quebec (KING, 1979) als an die selteneren und kleineren Palsas des sporadischen Permafrostbereichs von Dovre (vgl. Kap. 6.2). Abbildung 68 illustriert das verbreitete Vorkommen von Palsas in den genannten potentiellen Waldgebieten.

Ebenso wie für Lappland wurde auch von Südnorwegen eine Karte der auf Höhe des Meeresspiegels reduzierten Jahresmitteltemperaturen der Luft erstellt, hier auf der Basis von 150 Stationswerten. Der Verlauf der Isothermen in Abb. 70 ist auch hier randlich gut abgesichert, denn es liegen davon 42 Stationen außerhalb des Kartenausschnittes. Die Karte bildet wiederum die Grundlage für die Eintragung der Höhenlage der -1.5 und -6 $^\circ$C-Isotherme auf den Querschnitten durch Südnorwegen (Abb. 69), sie entsprechen, zumindest für unsere Untersuchungsräume, den Permafrostuntergrenzen. Die Höhen der Waldgrenze bzw. der Vergletscherungsgrenze sind aus topographischen Karten bzw. dem Gletscheratlas entnommen worden. Die Querschnitte in Abb. 69 illustrieren, daß größere Bereiche von Jotunheimen, aber auch von Rondane in die diskontinuierliche Permafroststufe reichen, kontinuierlicher Permafrost aber nur in den Gipfellagen der höchsten Karlinge zu erwarten ist. Im Unterschied zu Lappland schneiden sich Waldgrenze und Untergrenze der Permafrostvorkommen kaum. Trotz ausgedehnter Moorgebiete etwa im Dovrefjell fehlen daher in Südnorwegen die für Lappland beschriebenen Großformen bei den Palsas. In den westlichen Teilen unseres Querschnitts ragen wohl einige Höhen noch über die Vergletscherungsgrenze empor (Jostedalsbre, Alfotbre), doch liegt die Höhe der -1.5 $^\circ$C-Isotherme weit über der Vergletscherungsgrenze. Permafrost dürfte daher hier nicht in größerem Maße auftreten und allenfalls auf die vorhandenen perennierenden Schneeflecken beschränkt bleiben. Die Untersuchungen konnten allerdings noch nicht in diese westlichen Bereiche ausgedehnt werden.

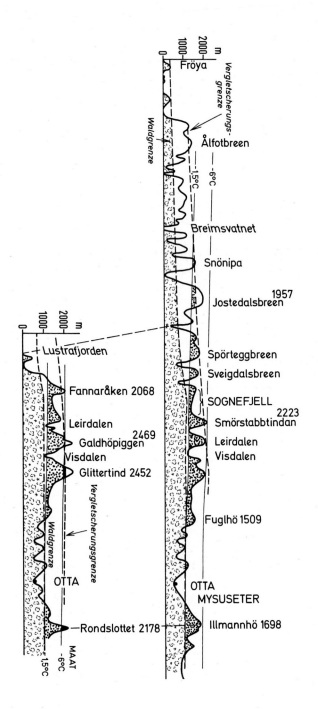

Abb. 69: Querschnitte durch Südnorwegen mit Höhenlage der Permafroststufen, der Waldgrenze und der Vergletscherungsgrenze (vgl. Text)

Fig. 69: Sections across Southern Norway

8.3. Ausblick

Die Ergebnisse der vorliegenden Arbeit haben nicht nur rein wissenschaftliche, sondern durchaus auch praktische Bedeutung. Die zunehmende Erschließung der untersuchten Räume für den Tourismus erfordert das Bewußtsein dafür, daß in den Gebirgen Skandinaviens Permafrost in einem bislang nicht erkannten und nicht beschriebenen Ausmaß vorkommt. Unsachgemäßes Vorgehen bei der Errichtung von Gebäuden, Straßen und Skipisten führt zur Störung labiler ökologischer Gleichgewichtszustände, und zeitigt aufgrunddessen oft schwerwiegende Konsequenzen. Im folgenden Ausblick werden sowohl praktische als auch wissenschaftliche Gesichtspunkte kurz aufgeführt.

In den Polargebieten konnten während der letzten 30 Jahre reichlich Erfahrungen zur Bewältigung bautechnischer Schwierigkeiten im Permafrost gewonnen werden (vgl. z.B. JOHNSTON, ed. 1981). In den Hochgebirgen stellen sich infolge der höheren Reliefenergie hingegen oftmals Probleme, deren Handhabung noch weitgehend unbekannt und schwierig ist (vgl. HAEBERLI, IKEN et al.; 1979; CRAMPTON, 1978). In vielen Fällen führen sogar erst die Schäden, die z.B. beim Bau und Betrieb von Skipisten und den dazugehörenden Installationen auftreten, zur Erkenntnis der Existenz von Permafrost. In der Regel wird der Wärmehaushalt der oberflächennahen Schichten so verändert, daß durch eine zerstörte Vegetationsdecke die Isolation im Sommer oder durch eine mächtigere Schneedecke oder errichtete Bauwerke die Auskühlung des Untergrundes im Winter verringert wird. In beiden Fällen wird die Mächtigkeit der Auftauschicht zunehmen und damit eisreicher Permafrost ausschmelzen. Wie die Abbildung 71 zeigt, sind selbst in den wenig erschlossenen Hochgebirgen Skandinaviens Schadensfälle dieser Art anzutreffen. Während der neue Gebäudeteil des Hotels Juvasshytta sachgerecht auf im Dauerfrostboden verankerten Pfählen erstellt ist, wurde der alte Gebäudeteil direkt auf den Untergrund gesetzt. Die danach fehlende Auskühlung des Untergrundes im Winter, sowie seine Erwärmung durch das Gebäude selbst haben bewirkt, daß insbesondere unter dem Küchentrakt das Ausschmelzen zu starken Setzungen geführt hat.

Verbreitungsmodelle, die eine brauchbare Prognose für das Vorkommen von Permafrost zulassen, sind erst in groben Ansätzen vorhanden. Zudem ist ihre Gültigkeit regional begrenzt (vgl. HAEBERLI, 1978, 1983; CHENG, 1983). Für Skandinavien gestatten unsere farbigen Höhenschichtkarten (Abb. 66 und Abb. 69) eine erste quantitative Abschätzung. Wegen der geringeren Generalisierung und der vielen Feldbefunde geben die Detailkarten unserer Testgebiete genauere Aufschlüsse. Ein Vergleich dieser, ebenfalls als Höhenschichtkarten ausgearbeiteten Abbildungen mit den Höhenwerten für die Untergrenze von Permafrostvorkommen (Tab. 23) zeigt, daß z.B. von den nicht vergletscherten Flächen des Testgebietes Tarfala (Abb. 20) weit mehr als 50 % von Permafrost unterlegt sind, im zentralen Bereich des Rondane-Gebietes (Abb. 57 oben) dürfte der Anteil nur wenig unter 50 % betragen, im Gebiet Leirvassbu (Abb. 44) liegt der entsprechen-

de Wert bei knapp 25 % und im Veidal und Reindal (Abb. 36) dürften weniger als 5 % der nicht vergletscherten Flächen von Permafrost unterlegt sein.
Die vorgelegten Ergebnisse können Ausgangspunkte für weitere Untersuchungen darstellen. So wäre es lohnenswert, die Arbeiten in die maritimeren Gebiete westlich des Sognefjell und in die kontinentaler geprägten Gebiete von Finnisch-Lappland auszudehnen. Diese Ergänzungen müßten zeigen, ob unser Modell der Permafrostverbreitung für ganz Fennoskandien, oder nur auf die untersuchten zentralen Bereiche der Skanden zutrifft. Die Ausgangslage für solche Untersuchungen ist zumindest für die östlichen Teile von Finnisch-Lappland ausgezeichnet, existieren hier doch zahlreiche klimatologische, vegetations-geographische und geomorphologische Arbeiten (z. B. SEPPÄLÄ, 1982a, b). Permafrost müßte hier nach unseren Vorstellungen in den "barren fell tops" (SEPPÄLÄ & RASTAS, 1980) vorkommen. Eine Dissertation, in welche diese Fragen miteinbezogen werden, ist im Gange. Im Gebiet westlich des Sognefjell könnten hingegen die stark zunehmenden mittleren Schneehöhen bewirken, daß Permafrost um und unter perennierenden Schneeflecken weit verbreitet in jenen Höhen auftritt, die nach unserem Modell zur sporadischen Permafroststufe zu zählen sind. Detailuntersuchungen sind auch hier vorgesehen.
Neben den räumlichen Aspekten stehen zeitliche Fragen zur Diskussion. Im Testgebiet Tarfala konnte gezeigt werden, daß größere Mächtigkeiten von Reliktpermafrost vorkommen müssen (vgl. die Diskussion des geoelektrischen Sondierungsergebnisses G1). Es ist wahrscheinlich, daß dieses Ergebnis auf andere Gebiete übertragen werden kann. Aufgrunddessen erscheint es sinnvoll, die zeitliche Dimension in unsere Überlegungen miteinzubeziehen.
Über weite Räume hinweg haben die Jahresmitteltemperaturen zwischen den Jahren 1920 und 1960 um rund 2 $^{\circ}$C zugenommen, dagegen ist seit 1960 ein Temperaturabfall um 1 $^{\circ}$C zu verzeichnen (ÅHMAN, 1977). Bodentemperaturen in größeren Tiefen passen sich jedoch nur sehr langsam geänderten Temperaturverhältnissen an der Erdoberfläche an. Nach WASHBURN (1979: 51) muß ein plötzlicher Anstieg der Jahresmitteltemperatur um 2 $^{\circ}$C von -1 $^{\circ}$C auf +1 $^{\circ}$C - theoretisch - nach 100 Jahren zu einer Erniedrigung des Permafrostspiegels um 15 m und zum Aufschmelzen von nur 2 m gefrorenen Materials an der Permafrostbasis führen (vgl. auch LACHENBRUCH & MARSHALL, 1969; oder IVES, 1974: 170 f). Die Interpretation von Temperaturen aus tiefen Bohrlöchern, meist in Räumen außerhalb Skandinaviens gewonnen, steckt noch in den Ansätzen (z. B. HAEBERLI, 1982: Abb. 6; IVES, 1974: 168; JUDGE et al., 1981). Der gegenwärtige Abkühlungstrend muß andererseits zu Neubildungen von Dauerfrostboden führen. Bei der langsamen Reaktion der Bodentemperaturen auf klimatische Änderungen, aber auch bei den großen Schwierigkeiten der Erfassung der wichtigsten Permafrost-Kenngrößen, wie Lage der Untergrenze eines Permafrostkörpers, Permafrosttemperatur, Re-

liktvorkommen in größerer Tiefe, sowie infolge der Probleme, wenig
mächtige Neubildungen von Dauerfrost in der Praxis von Resten von Winterfrost abzutrennen, ist es sinnvoll, alpine und polare Verbreitungsgrenzen von Permafrost im Interesse der Vergleichbarkeit zumindest bis zum
Ende dieses Jahrzehnts in Relation zu den Temperaturmitteln der letzten
Normalperiode (1931-60) zu setzen.
Zeitliche Fragen spielen schließlich auch bei den wechselseitigen Beziehungen zwischen periglazialer Morphodynamik und Permafrost eine zentrale Rolle, wobei die Frage im Vordergrund steht, welche Periglazialformen als Hinweise auf Permafrostvorkommen verwendet werden können.
Dieser Problemkreis ist in den letzten Jahren vor allem durch FRENCH
(1979, 1980) erneut zur Diskussion gestellt worden (vgl. auch BLACK,
1976). Die große Zahl der z. T. schon klassischen periglazialen Aufnahmen sowie auch neuer Studien in Skandinavien (z. B. RAPP, 1957, 1960,
1962, 1982; LUNDQVIST, 1962 bzw. BALLANTYNE et al., 1982, 1983)
bildet, verknüpft mit unseren Ergebnissen, einen guten Ausgangspunkt
für entsprechende Arbeiten. So sei z. B. darauf hingewiesen, daß die
"lower boundary of the block field zone" (= Untergrenze der Frostschutzzone, Felsenmeere) von RUDBERG (1977) an vielen Stellen recht genau
mit unseren Untergrenzen der diskontinuierlichen Zone übereinstimmt.
Eine entsprechende höhenmäßige Übereinstimmung ergibt sich auch mit
den Untergrenzen von vegetationsfreien Blockschutthalden und Blockfeldern im Gebiet Juvasshytta (GARLEFF, 1970: 33) oder mit der Untergrenze der "schwebenden" Blockmeere im Raum Fagernesfjell (GARLEFF,
1970: 18; DAHL, 1966a und 1966b). Für das Testgebiet Rondane können
wir feststellen, daß die untersten Vorkommen von Steinstreifen, Schuttzungen und Blockgletschern mit 1350 m und 1400 m ü. d. M. in N- und
W-exponierten Hängen (BARSCH & TRETER, 1976, Abb. 8) nur unwesentlich von unseren im Feld festgestellten diskontinuierlichen Permafrostuntergrenzen von 1300 bzw. 1490 m ü. d. M. abweichen (vgl. auch CH.
HARRIS, 1982). Im Testgebiet Tarfala werden die von RAPP (1974) beschriebenen Hangabtragungsvorgänge nach Starkregen durch den von uns
nachgewiesenen, verbreitet auftretenden Permafrost sicher ebenso intensiv gefördert, wie jene, die RAPP (a. a. O.) aus Spitzbergen beschreibt.
Zusammenfassend können wir feststellen, daß die gut ausgeprägten, aktiv aussehenden Periglazialformen (Abb. 72) der oberen periglazialen
Höhenstufe (Steinstreifen, Steinpolygone, Blockschutthalden und Blockschuttfelder) nur bis zu den Untergrenzen unserer Permafroststufe herunter reichen. Eine gezielte periglazialmorphologische Kartierung unserer nordskandinavischen Testgebiete und deren Umgebung ist im Rahmen
einer Dissertation im Gange. FRENCH (1979: 264) stellt allgemein fest:
"In fact, there is much to be said for periglacial geomorphology being
synonymous with permafrost since the spatial extent of periglacial regions
not underlain by permafrost of one sort or another is limited". Wir möchten keineswegs für eine Gleichsetzung der Begriffe "Permafrost" und
"Periglazial" plädieren, aber doch anregen, daß periglaziale Prozesse

Abb. 71: Das alte Gebäude des Hotels Juvasshytta hat durch Abschmelzen von eisreichem Permafrost unter dem ehemaligen Küchenteil schwere Schäden erlitten (Setzungen bei Pfeil)

Fig. 71: Hotel Juvasshytta, damaged by thermokarst (arrow)

Abb. 72: Große Steinstreifen oberhalb des Testhanges Tarfala in rund 1550 m ü. d. M. (August 1976)

Fig. 72: Large stone stripes ENE of Tarfala station.

unter dem Gesichtspunkt der Permafrostexistenz überdacht werden (vgl. dazu etwa Ansätze von BARSCH, 1977: 234; HAEBERLI, 1979).
Im Gelände können die anstehenden Fragen durch gezielte Kartierungen und langdauernde Meßreihen über Bodenfrost (Intensität, Häufigkeit) einerseits und klimageschichtliche Analysen andererseits angegangen werden (vgl. GAMPER, 1981 und PANCZA, 1979). In dieser Richtung zielende Laboruntersuchungen sind eine wichtige Ergänzung zu Feldarbeiten (vgl. LAUTRIDOU et al., 1982; PANCZA, 1979; PISSART, 1982), bedingen aber in der Regel einen beachtlichen apparativen und personellen Aufwand. Eine methodische Vorstudie, in der morphologische Aufnahmen und Temperaturregistrierungen sich gegenseitig ergänzen, läuft seit Januar 1984 in den logistisch gut erschlossenen Räumen Chamonix/Mt. Blanc und Zermatt/Gornergrat. Ergänzende Laborversuche zur Frostverwitterung werden parallel dazu am Geographischen Institut der Universität Gießen durchgeführt.
Der Kenntnisstand der Verbreitung und der Dynamik alpinen Permafrostes ist, trotz neuer Arbeiten aus vielen Hochgebirgen der Erde (vgl. LU et al.; ZHOU et al., 1983) räumlich und thematisch noch sehr punktuell, und es existieren nur wenige zusammenfassende Darstellungen (z.B. PÉWÉ, 1983). Oft sind es gerade Beschreibungen von punktuellen Funden von Permafrost und die fehlende oder lückenhafte Interpretation, welche die Erstellung regionaler Überblicke erschweren. Zusätzliche Schwierigkeiten entstehen durch eine noch uneinheitliche Terminologie (vgl. dazu CHENG, 1983; GUO et al., 1983; PEWE, 1983), bzw. die abweichende Verwendung vorhandener Begriffe. Eine Vereinheitlichung ist dringend geboten.
Detaillierte mikroklimatische Untersuchungen oder Prozeßstudien sind für das Verständnis von Formung und Formenschatz in der Periglazialstufe der Hochgebirge von ganz grundlegender Bedeutung, ein großräumig gültiges Verbreitungsmodell für alpinen Permafrost ist jedoch nur durch ausgedehnte regionale Studien aufzustellen. Es ist uns voll bewußt, daß in manchen Teilen Skandinaviens lokalklimatische oder geländeklimatische Bedingungen Abweichungen von den uns extrapolierten Grundzügen verursachen werden. Wir hoffen dennoch, daß es uns mit der vorliegenden Arbeit zumindest gelungen ist, durch eine Reihe von Detailstudien in klimatisch unterschiedlichen Untersuchungsräumen über die für die Testgebiete ausgewiesenen Einzelbefunde hinaus modellmäßig auch die Grundzüge der Permafrostverbreitung für den zentralen Bereich der Skanden insgesamt zu erfassen und darzustellen.

ZUSAMMENFASSUNG

In der Umgebung der höchsten Gebirge Nordeuropas, dem Kebnekaise-Massiv in Nordschweden (der Kebnekaise erreicht über 2.100 m) und Jotunheimen (der Gipfel des Galdhöpigg liegt in 2.470 m) wurden mächtige Permafrostvorkommen entdeckt: Im Kebnekaise-Gebiet wird schon in Höhenlagen von 1.500 m ü.d.M. kontinuierlicher Permafrost angetroffen, wahrscheinlich in Mächtigkeiten von über 100 m. Die mittlere jährliche Lufttemperatur (MAAT) liegt hier unter -6 °C, die mittlere jährliche Bodentemperatur (MAGT) bei -4 °C, die mittlere Mächtigkeit der Auftauschicht (t_a) bei 130 cm. Diskontinuierlicher Permafrost kommt zwischen 1.500 und 1.200 m ü.d.M. vor (MAGT = -4 ° bis -2 °C, t_a = 200 bis 400 cm). In Talbodenlagen mit mächtiger Schneedecke fehlt auf rund 1.150 m ü.d.M. meist aktiver Permafrost, doch tritt relikter Permafrost auf (t_a ≥ 600 cm).
In Jotunheimen dürfte in 2.200 m ü.d.M. die Permafrostmächtigkeit zwischen 100 und 200 m liegen (geschätzte MAGT = -6 °C, t_a = 110 cm). Diskontinuierlicher Permafrost ist in Juvasshytta in Höhenlagen zwischen 1.900 m und 1.700 m noch weit verbreitet (MAGT = -3,5° C, t_a = 150 cm). Im Gebiet Leirvassbu tritt fleckenhafter diskontinuierlicher Permafrost zwischen 1.700 m und 1.450 m ü.d.M. auf und sporadischer Permafrost wird in Torfmooren noch in 1.000 m ü.d.M. angetroffen.

Zusätzliche Untersuchungen in den Gebieten Sognefjell, Dovre/Rondane und Lyngener Alpen erlauben, die klimatische Abhängigkeit der Permafrostvorkommen zu erfassen. Es wird folgende Höhenstufung für Permafrost in Hochgebirgen vorgeschlagen: Die Untergrenze der kontinuierlichen Permafroststufe wird durch die -6 °C-Isotherme der mittleren jährlichen Lufttemperatur (MAAT) gebildet, die diskontinuierliche Stufe reicht bis zur Höhe der -1.5 °C-Isotherme hinab. Die -3.5 °C-Isotherme teilt das Gebiet diskontinuierlichen, alpinen Permafrosts in eine rund 450 Höhenmeter umfassende obere Teilstufe, in der Permafrost sehr verbreitet auftritt, und in eine rund 400 Höhenmeter umfassende untere Teilstufe, wo Permafrost nur fleckenhaft an dafür begünstigten Stellen vorkommt (z.B. Nordlagen). Sporadische Permafrostvorkommen können in Torfmooren noch rund 500 m tiefer existieren. Diese Höhengliederung gilt in allen vier untersuchten Großräumen und dürfte somit auch für weite Bereiche des zentralen skandinavischen Hochgebirgsraumes zutreffen (rund 150.000 km^2). Die genannten Grenzwerte scheinen aber im stärker maritim geprägten Küstenstreifen Mittel- und Süd-Norwegens, sowie in den kontinentalen Gebieten von Finnisch-Lappland Verschiebungen zu erfahren.

Die eingesetzten Prospektionsmethoden (Rammsondierungen und Grabungen, Hammerschlagseismik, Geoelektrik, Bodentemperaturmessung, BTS-Messung) konnten in wesentlichen Teilen verbessert werden und sind für ähnliche Arbeiten zu empfehlen:

1. Rammsondierungen sind geeignet, um bei Tiefen bis zu zwei Metern die Mächtigkeit der Auftauschicht festzustellen und so einen ersten Hinweis auf Frostboden zu erhalten.

2. Bodentemperaturmessungen über mehrere Jahre hinweg erlauben eine erste Abschätzung der Permafrostmächtigkeit durch die gemessene mittlere Bodentemperatur (MAGT).

3. Die Messung der Basistemperatur der Schneedecke am Ende des Winters ermöglicht, falls die Schneemächtigkeit mindestens 80 cm beträgt, das rationelle flächenhafte Kartieren von Permafrost sowie eine erste Abschätzung der Permafrosttemperatur bzw. der mittleren jährlichen Bodentemperatur.

4. Die Hammerschlagseismik (Refraktionsseismik) beweist das Vorkommen von Permafrost in Sedimenten durch seismische Geschwindigkeiten (v_p) zwischen über 2.000 und 3.800 m/s und läßt die Mächtigkeit der Auftauschicht erkennen. Bei auftauendem Permafrost ist eine sichere Entscheidung allein seismisch nicht immer möglich (Werte um 2.000 m/s).

5. Die gleichstrom-geoelektrische Sondierung ermöglicht eine quantitative und qualitative Erfassung von Permafrost. Der elektrische Widerstand von ungefrorenen Sedimenten liegt in der Regel in dem untersuchten Material zwischen einigen 100 und 10.000 Ohm-m, während er in gefrorenen Sedimenten zwischen 10.000 und 900.000 Ohm-m erreicht. Die geoelektrische Sondierung erlaubt es auch, in Fels das Vorkommen von Permafrost quantitativ festzustellen. Der spezifische Widerstand erhöht sich bei Temperaturerniedrigung (z.B. von -1 ^{o}C auf -6 ^{o}C um das 5-fache). Hingegen überlappen sich auch bei der Geoelektrik bei Temperaturen von 0 ^{o}C die Widerstandsbereiche von Schutt, gefrorenem Schutt und Fels. Im Unterschied zur Refraktionsseismik ist die geoelektrische Sondierung jedoch geeignet, die geomorphologisch bedeutsame Unterscheidung - massives Bodeneis oder gefrorener Schutt - vorzunehmen, sowie auch deren untere Schichtgrenze festzustellen.

Die Arbeit behandelt das Vorkommen von Dauerfrostboden in einem diesbezüglich noch wenig untersuchten Raum. Ihre wissenschaftliche Bedeutung liegt daher nicht nur in der Entwicklung rationeller Methoden zur Prospektion nach Permafrost und der vorgestellten Höhenstufung alpinen Permafrost. Es wird auch ein starker Impuls und ein anderer Blickwinkel bei Fragen der periglazialen Morphodynamik in den skandinavischen Hochgebirgen erwartet.

SUMMARY

In the vicinity of the highest elevations of northern Europe, the Kebnekaise Massif in northern Sweden and the Jotunheimen area in southern Norway (cf. figs. 1, 2 + 3), extensive permafrost occurences could be proved. Two test areas, the Tarfala Valley and the Leirvassbu/Juvasshytta area have been investigated in detail by means of ground temperature measurements, hammer seismic soundings, dc-geoelectric soundings and studies of snow depth and snow temperature (BTS-values).

A permafrost thickness of more than 100 m may be expected in Tarfala above 1.500 m a.s.l. and even a continuous alpine permafrost zone seems to exist. At these altitudes the mean annual air temperature (MAAT) is less than $-6\ °C$, the mean annual ground temperature (MAGT) is about $-4\ °C$ and the thickness of the active layer (d_a) averages about 130 cm. Discontinuous permafrost is encountered between 1.500 and 1.200 m a.s.l. (MAGT = $-4°$ to $-2\ °C$, d_a = 200 to 400 cm). In contrast to the slopes and elevated plateau areas the valley floor is thickly covered with snow in winter and no active permafrost exists then at altitudes of about 1.150 m a.s.l. (figs. 8, 18, 22). Geophysical soundings point to relict permafrost with $d_a \geq 600$ cm (figs. 8 + 24).

In Jotunheimen the permafrost thickness is expected to reach 100 to 200 m at 2.200 m a.s.l., the observed thickness of the active layer is about 110 cm and the estimated MAGT is $-6\ °C$. At Juvasshytta discontinuous permafrost is very widespread at altitudes between 1.900 m and 1.700 m with an average MAGT of $-3.5\ °C$ (d_a = 150 cm). Patchy discontinuous permafrost was mapped in the Leirvàssbu area between 1.700 m and 1.450 m a.s.l. and sporadic permafrost is reported from bogs even at 1.000 m a.s.l. (figs. 42 + 44).

Additional information concerning the Sognefjell and Rondane/Dovre area and the Lyngen Alps is given (figs. 3, 34, 49, 52), and a model for a vertical zonation of alpine permafrost for the central parts of the Scandinavian high mountains is derived from these findings: The lower limit of the continuous permafrost belt corresponds with the $-6\ °C$ isotherm of the MAAT and the discontinuous belt is limited by the $-1.5\ °C$ isotherm. The $-3.5\ °C$ isotherm divides the discontinuous permafrost area in two subbelts with a vertical extension of about 450 m and 400 m, respectively. Widespread discontinuous permafrost exists above and patchy discontinuous permafrost below the altitude of the $-3.5\ °C$ isotherm. Patchy discontinuous permafrost is restricted to locations where permafrost formation and conservation is strongly favoured (e.g. slopes exposed to the north). Sporadic permafrost occurences (usually located in bogs) may be found even 500 m below the lower limit of patchy discontinuous permafrost (cf. fig. 65).

The following sounding methods for permafrost could be improved and are recommended for similar studies:

1. Simple soundings with a steel rod allow to measure the thickness of the active layer down to 2 m and give a first hint to the existence of permafrost.

2. Regular ground temperature measurements over several years allow an estimation of the permafrost thickness (calculated with an estimated geothermal gradient and the measured mean ground temperature).

3. Measurements of the temperature at the snow-ground interface (BTS) at the end of the winter allow the efficient mapping of permafrost and point to the mean annual ground temperature below the measured sites (fig. 64). The method is restricted to locations with a snow thickness of more than 80 cm.

4. Refraction seismic soundings may prove the existence of permafrost in sediments and allow the calculation of the active layer thickness. Frozen sediments give p-wave velocities between 2.000 and 3.800 m/sec. Melting permafrost and water-logged sediments may give similar p-wave velocities of about 2.000 m/sec. and this often impedes an interpretation.

5. DC-geoelectric soundings provide a very effective tool for qualitative and quantitative permafrost studies: The thickness of the high resistivity layer gives a minimum value for the permafrost thickness at the sounding site, the order of magnitude of the specific resistivity allows the distinction between **ice-bonded sediments (several 10 kOhm-m)** and **massive ice-cores (several MOHm-m)**, a decision that may be of great interest in geomorphology. Good estimates of the ground temperatures are essential for the interpretation of measured apparent resistivity values, as these values increase significantly with falling temperatures (cf. KING, 1982). Interpretation difficulties may arise when soundings are done at locations where the mean annual ground temperature is about 0 $^{\circ}$C, because the ranges of specific resistivities for unfrozen debris and bedrock may overlap (cf. fig. 61).

Cross sections through the high mountains of Scandinavia show that vast areas underlain by **widespread** and patchy discontinuous permafrost must exist (cf. figs. 67 + 69). This result helps explain the rich periglacial morphology well known from Scandinavia by numerous classical periglacial studies. Future research is focused on periglacial processes in permafrost environments and continued in Scandinavia and in the Alps.

Literaturverzeichnis

AARSETH, I., H. HOLTEDAHL, O. KJELDSEN, O. LIESTØL, G.
ØSTREM & J.L. SOLLID (1980): Glaciation and Deglaciation in Central
Norway. Field Guide to Excursion 31 August -
3 September 1980 organized in Conjunction with
Symposium on Processes of Glacier Erosion and
Sedimentation, Geilo Norway, 1980. - Norsk
Polarinstitutt, Oslo: 58 pp.

ÅHMAN, R. (1977): Palsar i Nordnorge. En studie av palsars morfologi,
utbredning och klimatiska förutsättningar i Finnmarks och Troms fylke. - Medd. från Lunds
Univ. Geogr. Inst. Avh. LXXVIII: 165 pp.

ANDERSEN, B.G. (1972): Quaternary Geology at Guolasjav'ri in Troms,
North Norway. - Acta Borealia 29: 40 pp.

--(1979): The deglaciation of Norway 15,000-10,000 B.P.
- Boreas 8: 79-87

ATLAS ÖVER SVERIGE - NATIONAL ATLAS OF SWEDEN (1953-1971):
Stockholm (Hrsg.: Svenska Sällskapet för Antropologi och Geografi)

BALLANTYNE, C.K. & J.A. MATTHEWS (1982): The development of
sorted circles on recently deglaciated terrain,
Jotunheimen, Norway. - Arct. Alp. Res. 14, 4:
341-354

--(1983): Desiccation cracking and sorted polygon development, Jotunheimen, Norway. - Arct. Alp. Res. 15,
3: 339-349

BARANOV, I.J. & V.A. KUDRYAVTSEV (1963): Permafrost of Eurasia.
In: Proceedings Permafrost International Conference, Nat. Acad. Sci. - Nat. Res. Council,
Publ. 1287, Washington: 99-102.

BARNES, D.F. (1963): Geophysical methods for delineating permafrost.
In: Proceedings Permafrost International Conference, Nat. Acad. Sci. - Nat. Res. Council,
Publ. 1287, Washington: 349-355.

BARSCH, D. (1971): Rock Glaciers and Ice-cored Moraines. - Geogr.
Ann. 53 A, 3-4: 203-206.

--(1973): Refraktionsseismische Bestimmung der Obergrenze des gefrorenen Schuttkörpers in verschiedenen
Blockgletschern Graubündens, Schweizer Alpen.-
Zs. f. Gletscherk. u. Glazialgeol. IX, 1-2: 143-167.

BARSCH, D. (1977): Alpiner Permafrost - ein Beitrag zur Verbreitung, zum Charakter und zur Ökologie am Beispiel der Schweizer Alpen. - Abh. Akad. Wiss. Göttingen Math.-physik. Kl. 3, 31: 118-141.

--(1978): Active Rock Glaciers as Indicators for Discontinuous Alpine Permafrost. An Example from the Swiss Alps. - In: Proceedings of the Third International Conference on Permafrost, July 10-13, 1978, Edmonton, Alberta, Canada. National Research Council of Canada, Ottawa, Vol. 1: 349-352.

--(1980): Die Beziehungen zwischen der Schneegrenze und der Untergrenze der aktiven Blockgletscher. - In: C. Jentsch und H. Liedtke (Hrsg.): Höhengrenzen in Hochgebirgen; Arb. aus d. Geogr. Inst. d. Univ. des Saarlandes, Bd. 29: 119-133.

BARSCH, D., H. FIERZ & W. HAEBERLI (1979): Shallow core drilling and bore-hole measurements in permafrost of an active rock glacier near the Grubengletscher, Wallis, Swiss Alps. - Arctic and Alpine Research 11, 2: 215-228.

BARSCH, D. & U. TRETER (1976): Zur Verbreitung von Periglazialphänomenen in Rondane/Norwegen. - Geogr. Ann. 58 A, 1-2: 83-93.

BESKOW, G. (1935/1947): Soil Freezing and Frost Heaving with Special Application to Roads and Railroads. - The Swedish Geological Society Series C, No. 375, 26th Year Book No. 3. With a special supplement for the English translation of progress from 1935 to 1946. Translated by J.O. Osterberg; published by the Technological Institute, Northwestern University Evanston, Illinois, 1947: 145 pp.

BIRD, J.B. (1967): The physiography of arctic Canada. - Baltimore: 336 pp.

BJÖRNSSON, H. (1981): Radio-Echo Sounding Maps of Storglaciären, Isfallsglaciären and Rabots Glaciär, Northern Sweden. - Geogr. Ann. 63 A, 3-4: 225-231.

BLACK, R.F. (1954): Permafrost - a review. - Bull. geol. Soc. Am. 65: 839-855.

--(1976): Periglacial features indicative of permafrost: Ice and soil wedges. - Quat. Res. 6: 3-26.

BROWN, R.J.E. (1963): Relation Between Mean Annual Air and Ground Temperatures in the Permafrost Region of Canada. - In: Proceedings Permafrost International Conference, Nat. Acad. Sci. - Nat. Res. Council, Publ. 1287, Washington: 241-247.

--(1967): Comparison of Permafrost Conditions in Canada and the USSR. - The Polar Record 13, 87: 741-751.

--(1972): Permafrost in the Canadian Arctic Archipelago. - Zs. Geom. N.F., Suppl. Bd. 13: 102-130.

--(1973): Influence of Climatic and Terrain Factors on Ground Temperatures at Three Locations in the Permafrost Region of Canada. - In: Permafrost: North American Contribution to the Second International Conference, Yakutsk, 1973. National Academy of Sciences, Washington, D.C.: 27-34.

BROWN, R.J.E. & T.L. PÉWÉ (1973): Distribution of permafrost in North America and its relationship to the environment: A review, 1963-1973. - In: Permafrost: North American Contribution to the Second International Conference, Yakutsk, 1973. National Academy of Sciences, Washington, D.C.: 71-100.

CAILLEUX, A. & G. TAYLOR (1954): Cryopédologie (Etudes des sols gelés). - Actes Sci. et Ind. 1203.

CERMAK, V. (1978): Paleoclimatic significance of measuring the temperature of permafrost. - In: Permafrost: USSR Contribution to the Second International Conference, Yakutsk, July 13-28, 1973. National Academy of Sciences, Washington, D.C.: 812-815.

CHENG GUODONG (1983): Vertical and horizontal zonation of high-altitude permafrost. - Permafrost: Fourth Internat. Conf., Proc., Nat. Acad. Press, Washington, D.C.: 136-141.

CLIMATIC ATLAS OF EUROPE (1970): I. Maps of mean temperature and precipitation. - WMO/UNESCO/Cartographia.

COOK, F.A. (1958): Temperatures in permafrost at Resolute, N.W.T. - Geogr. Bull. 12: 5-18.

CORNER, G.D. (1978): Deglaciation of Fugløy, Troms, North Norway. - Norsk geogr. Tidsskr. 32: 137-142.

CRAMPTON, C.B. (1978): The distribution and thickness of icy permafrost in northeastern British Columbia. - Can. J. Earth Sci. 15: 655-659.

DAHL, R. (1966a): Block fields, weathering pits and torlike forms in the Narvik Mountains, Nordland, Norway. - Geogr. Ann. 48 A, 2:55-85.

--(1966b): Block fields and other weathering forms in the Narvik mountains. - Geogr. Ann. 48 A, 4: 224-227.

DEPPERMANN, K. (1968): Zur Eliminierung der Störspannungen bei geoelektrischen Widerstandsmessungen. - Geol. Jb. 85: 901-918, Hannover.

DEPPERMANN, K., H. FLATHE, F. HALLENBACH & J. HOMILIUS (1961): Die geoelektrischen Verfahren der angewandten Geophysik. - In: A. BENTZ: Lehrbuch der angewandten Geologie, Bd. I. Allgemeine Methoden: 718-804, Stuttgart.

DZHURIK, V. & F.N. LESHCHIKOV (1978): Experimental investigations of seismic properties of frozen soils. - In: Permafrost: USSR Contribution to the Second International Conference, Yakutsk, July 13-28, 1973. National Academy of Sciences, Washington, D.C.: 485-488.

EMBLETON, C. & C.A.M. KING (1975): Periglacial Geomorphology. - E. Arnold: 203 pp., London.

ENQUIST, F. (1916): Der Einfluß des Windes auf die Verteilung der Gletscher. - Bull. Geol. Inst. Uppsala, 14: 67-80.

EKMAN, S. (1957): Die Gewässer des Abisko Gebietes. - Kungl. Vetenskapsakademiens Handlingar 6: 6.

FERRIANS, O.J.Jr. & G.D. HOBSON (1973): Mapping and predicting permafrost in North America: A review, 1963-1973 (1). - In: Permafrost: North American Contribution to the Second International Conference, Yakutsk, 1973. National Academy of Sciences, Washington, D.C.: 479-498.

FIELITZ, K. (1978): Berechnung von Schlumberger Sondierungskurven mit einem programmierbaren Taschenrechner. - Unpubl. Manus. Bundesanstalt für Geowiss. und Rohstoffe, Hannover. Archiv-Nr. 81715: 9pp.

FISCH, W. sen., W. FISCH jun. & W. HAEBERLI (1977): Electrical D.C. Resistivity Soundings with long Profiles on Rock Glaciers and Moraines in the Alps of Switzerland. - Zs. Gletscherk. u. Glazialgeol. 13, 1/2: 239-260.

FLATHE, H. & W. LEIBOLD (1976): The Smooth Sounding Graph. A Manual for Field Work in Direct Current Resistivity Sounding. - Federal Institute for Geosciences and Natural Resources, Hannover/Germany, 48 pp. 31 figs.

FRENCH, H.M. (1979): Periglacial geomorphology. - Progr. Phys. Geogr. 3: 264-273.

--(1980): Periglacial geomorphology and permafrost. - Progr. Phys. Geogr. 4: 254-261.

FRIES, T. & E. BERGSTRÖM (1910): Några iakttagelser öfver palsar och deras förekomst i nordligaste Sverige. - Geol. Fören. Förhandl. 32, 1: 195-205, Stockholm.

FURRER, G. & P. FITZE (1970): Beitrag zum Permafrostproblem in den Alpen. - Vierteljahresschr. Natf. Ges. Zürich 3, 115: 353-368.

FURRER, G., H. LEUZINGER & K. AMMAN (1975): Klimaschwankungen während des alpinen Postglazials im Spiegel fossiler Böden. - Vierteljahresschr. Natf. Ges. Zürich 120, 1: 15-31.

GAGNÉ, R.M. & J.A. HUNTER (1974): Hammer seismic studies of surficial materials, Banks Island, Ellesmere Island and Boothia Peninsula, N.W.T. - Report of Activities, Part. B, Geol. Surv. Can., Paper 75-1B: 13-17.

GAMPER, M. (1981): Heutige Solifluktionsbeträge von Erdströmen und klimamorphologische Interpretation fossiler Böden. - Erg. wiss. Unters. Schweiz. Nat. park, XV: 355-443.

GANDAHL, R. (1977): Frost heaving on roads in relation to freezing index. Proceedings of the International Symposium on Frost Action in Soils held at the University of Luleå, Luleå, Sweden, February 16-18, 1977. Vol. I: 206-215.

GARLEFF, K. (1970): Verbreitung und Vergesellschaftung rezenter Periglazialerscheinungen in Skandinavien. - Göttinger Geogr. Abh. 51: 66 pp.

GORBUNOV, A.P. (1978): Permafrost Investigations in High-Mountain Regions. - Arctic and Alpine Res. 10, 2: 283-294.

GOULD, J.E. (1978): A survey of the summer ice temperature distribution of Storglaciären, N. Sweden. - B.Sc. Thesis, University of Bristol, Department of Geography: 69 pp.

GRANBERG, H.B. (1973): Indirect Mapping of the Snow-cover for Permafrost Prediction at Schefferville, Quebec. - In: Permafrost: North American Contribution to the Second International Conference, Yakutsk, 1973. National Academy of Sciences, Washington, D.C.: 113-120.

GREENHOUSE, J.P. (1961): Measurements of electrical resistivity of ice-formations. - Arctic 14/4: 259-265.

GRIFFEY, N.J. & J.A. MATTHEWS (1978): Major Neoglacial Glacier Expansion Episodes in Southern Norway: Evidences from Moraine Ridge Stratigraphy with ^{14}C Dates on Buried Paleosols and Moss Layers. - Geogr. Ann. 60 A: 73-90.

GRIFFEY, N.J. & W.B. WHALLEY (1979): A rock glacier and moraine-ridge complex, Lyngen Peninsula, north Norway. - Norsk geogr. Tidsskrift 3: 117-124

GUO, P. & G. CHENG (1983): Zonation and formation history of permafrost in Qilian Mountains of China. - Permafrost: Fourth Internat. Conf., Proc.; Nat. Acad. Press, Washington, D.C.: 395-400.

HAEBERLI, W. (1973): Die Basis-Temperatur der winterlichen Schneedecke als möglicher Indikator für die Verbreitung von Permafrost in den Alpen. - Zs. f. Gletscherk. u. Glazialgeol. IX, 1-2: 221-227.

--(1975a): Eistemperaturen in den Alpen. - Zs. f. Gletscherk. u. Glazialgeol. XI, 2: 203-220.

--(1975b): Untersuchungen zur Verbreitung von Permafrost zwischen Flüelapaß und Piz Grialetsch (Graubünden). - Mitt. d. Versuchsanstalt für Wasserbau, Hydrologie und Glaziologie an der ETH Zürich, 17: 221 pp.

--(1978): Special Aspects of High Mountain Permafrost Methodology and Zonation in the Alps. - In: Proceedings of the Third International Conference on Permafrost, July 10-13, 1978, Edmonton, Alberta, Canada. National Research Council of Canada, Ottawa, Vol. 1: 379-384.

HAEBERLI, W. (1979): Holocene push-moraines in alpine permafrost. - Geogr. Ann. 61 A, 1-2: 43-48.

--(1982): Klimarekonstruktionen mit Gletscher-Permafrost-Beziehungen. - Materialien zur Physiogeogr. 4: 9-17, Basel.

--(1983): Permafrost-glacier relationships in the Swiss-Alps - today and in the past. - Permafrost: Fourth Internat. Conf., Proc.; Nat. Acad. Press, Washington, D.C.: 415-420.

HAEBERLI, W., A. IKEN & H. SIEGENTHALER (1979): Glaziologische Aspekte beim Bau der Fernmelde-Mehrzweckanlage der PTT auf dem Chli Titlis. - Festschrift Peter Kasser. Mitt. d. Versuchsanstalt für Wasserbau, Hydrologie und Glaziologie, ETH Zürich, 41: 59-75.

HAEBERLI, W., L. KING & A. FLOTRON (1979): Surface Movements and Lichen-Cover Studies at the Active Rock Glacier near the Grubengletscher, Wallis, Swiss Alps. - Arctic and Alpine Res. 11, 4: 421-441.

HAEBERLI, W. & G. PATZELT (1983): Permafrostkartierung im Gebiet der Hochebenkar-Blockgletscher, Obergurgl, Oetztal. - Zs. f. Gletscherk. u. Glazialgeol. 18, 2: 127-150

HAMELIN, L. E. & F. A. COOK (1967): Illustrated glossary of periglacial phenomena. - Le périglaciaire par l'image. - Les presses de l'université Laval, Québec: 237 pp.

HARRIS, Ch. (1982): The distribution and altitudinal zonation of periglacial landforms, Okstindan, Norway. - Z. Geomorph., N.F. 26, 3: 283-304.

HARRIS, St. A. (1981a): Climatic Relationships of Permafrost Zones in Areas of Low Winter Snow-Cover. - Arctic 34, 1: 64-70.

--(1981b): Distribution of active glaciers and rock glaciers compared to the distribution of permafrost landforms, based on freezing and thawing indices. - Can. J. Earth Sci. 18, 2: 376-381.

--(1982): Identification of permafrost zones using selected permafrost landforms. - The Roger J. E. Brown Memorial Volume; Proc. Fourth Can. Permafrost Conf.: 49-58, Ottawa.

HARRIS, St. A. & R. J. E. BROWN (1978): Plateau Mountain: A Case Study of Alpine Permafrost in the Canadian Rocky Mountains. - In: Proceedings of the Third International Conference on Permafrost, July 10-13, 1978, Edmonton, Alberta, Canada. National Research Council of Canada, Ottawa, Vol. 1: 385-391.

--(1982): Permafrost distribution along the Rocky Mountains in Alberta. - Proc. 4th Can. Permafrost Conf.: 59-67, Ottawa.

HOBSON, G. D. & C. JOBIN (1975): A Seismic Investigation - Peyto Glacier, Banff National Park and Woolsey Glacier, Mount Revelstoke National Park. - Geoexploration, 13: 117-127.

HOLMGREN, B. & L. KING (in Vorb.): The effect of climate and snowcover on ground temperatures in high mountain areas of Swedish Lappland.

HOLMSEN, P. (1982): Jotunheimen, Beskrivelse til kvartaergeologisk oversiktskart M 1:250.000. - Norges geol. unders. 374: 75 pp.

HUNTER, J. A. M. (1973): The application of shallow seismic methods to mapping of frozen surficial materials. - In: Permafrost: North American Contribution to the Second International Conference, Yakutsk, 1973. National Academy of Sciences, Washington, D. C.: 527-535.

HUSTICH, I. (1974): Die pflanzengeographischen Regionen. - In: A. Sömme: Die nordischen Länder, Dänemark, Finnland, Island, Norwegen, Schweden: 64-70, Braunschweig.

HYDROLOGICAL DATA - NORDEN, REPRESENTATIVE BASINS (1976): Tarfala, Research basin, Sweden, Data volume 1965-1972: 54 pp., Stockholm (Eds.: J. NILSSON & N. Å. LARSSON).

IVES, J. D. (1974): Permafrost. - In: J. D. Ives and R. G. Barry: Arctic and Alpine Environments: 159-194, London.

IVES, J. D. & B. D. FAHEY (1971): Permafrost occurences in the Front Range, Colorado Rocky Mountains, U. S. A. - J. Glaciol. 10, 58: 105-111.

JOHNSTON, G. H. & R. J. E. BROWN (1964): Some observations on permafrost distribution at a lake in the Mackenzie Delta, N. W. T., Canada. - Arctic 17, 3: 162-175.

JOHNSTON, G. H. (Ed.) (1981): Permafrost, Engineering Design and Construction. - Wiley & Sons, Toronto: 540pp.

JUDGE, A.S., A.E. TAYLOR, M. BURGESS & V.S. ALLEN (1981): Canadian geothermal data collection - northern wells 1978-80. - Geothermal Series 12, Energy, Mines and Resources Canada.

KARLÉN, W. (1973): Holocene glacier and climatic variations, Kebnekaise mountains, Swedish Lapland. - Geogr. Ann. 55 A: 29-63.

--(1975): Lichenometrisk datering in norra Skandinavien metodens tillförlitlighet och regionala tillämpning. - Naturgeogr. Inst. Univ. Stockholm - Forskningsrapport 22: 1-67.

--(1976): Lacustrine Sediments and Treelimit Variations as indicators of Holocene Climatic Fluctuations in Lappland: Northern Sweden. - Geogr. Ann. 58 A, 1-2: 1-34.

KARTE, J. (1979a): Entwicklung und gegenwärtiger Stand der deutschen Periglazialforschung in den polaren und subpolaren Regionen. - Polarforschung 49, 2: 97-115.

--(1979b): Räumliche Abgrenzung und regionale Differenzierung des Periglaziärs. - Bochumer Geogr. Arb. 35: 211 pp.

--(1980): Rezente, subrezente und fossile Periglaziärerscheinungen im nördlichen Fennoskandien. - Z. Geomorph. N.F. 24, 4: 448-467.

KELLER, G.V. & F.C. FRISCHKNECHT (1966): Electrical Methods in Geophysical Prospecting. - Oxford: 518 pp.

KERTZ, W. (1969): Einführung in die Geophysik I. - Mannheim: 232 pp.

KEUSEN, H.R. & W. HAEBERLI (1983): Site investigation and foundation design aspects of cable car construction in alpine permafrost at the "Chli Matterhorn", Wallis, Swiss Alps. - Permafrost: Fourth Intern. Conf., Proc.; Nat. Acad. Press, Washington, D.C.: 601-605.

KING, L. (1976): Permafrostuntersuchungen in Tarfala (Schwedisch Lappland) mit Hilfe der Hammerschlagseismik. - Zs. f. Gletscherk. u. Glazialgeol. 12, 2: 187-204.

--(1979): Palsen und Permafrost in Quebec. - Trierer Geographische Studien, Sonderheft 2: Kanada und das Nordpolargebiet: 141-156.

KING, L. (1982): Qualitative und quantitative Erfassung von Permafrost in Tarfala (Schwedisch-Lappland) und Jotunheimen (Norwegen) mit Hilfe geoelektrischer Sondierungen. - Zs. f. Geomorphologie, N.F., Suppl.-Bd. 43: 139-160 (im Druck).

--(1983): High mountain permafrost in Scandinavia. - Permafrost: Fourth Internat. Conf., Proc.; Nat. Acad. Press, Washington, D.C.: 612-617.

--(1985): Les limites inférieures du pergélisol alpin en Scandinavie - recherches en terrain et présentation cartographique. - Erscheint in: Studia geomorphologica carpato-balcanica.

KING, L. & W. HAEBERLI (Manus.): Electric and electromagnetic soundings of rock glacier permafrost in the Swiss Alps.

KING, L. & R. LEHMANN (1973): Beobachtungen zur Ökologie und Morphologie von Rhizocarpon geographicum (L.) DC. und Rhizocarpon alpicola (Hepp.) Rabenh. im Gletschervorfeld des Steingletschers. - Ber. Schweiz. Bot. Ges. 83 (2): 139-147.

KNUTSSON, S. (1980): Permafrost i Norgevägen. - Byggmästaren, 10.

KOEFOED, O. (1979): Geosounding Principles. 1. Resistivity Sounding Measurements. - Methods in Geochemistry and Geophysics, 14 A; Elsevier, Amsterdam, Oxford, New York.

KOHNEN, H. (1970): Zur Frage der Zwischenschicht. - Z. Gletscherk. u. Glazialgeol. VI, 1-2: 201-204.

KOLKKI, O. (1966): Taulukoita ja karttoja Suomen Lämpöoloista kaudelta 1931-1960 (Tables and maps of temperature in Finland during 1931-1960). - Helsinki.

KUNETZ, G. (1966): Principles of Direct Current Resistivity Prospecting. - Ser. Geoexploration Monographs 1, 1, Berlin.

KÜTTEL, M. (1984): Vuolep Allakasjaure, eine pollenanalytische Studie zur Vegetationsgeschichte der Tundra in Nordschweden. - Diss. Bot. 72 (Festschrift Welten): 191-212.

LAAKSONEN, K. (1976a): Factors affecting mean air temperature in Fennoscandia, October and January 1921-1950. - Fennia 145: 94 pp.

--(1976b): The dependence of mean air temperatures upon latitude and altitude in Fennoscandia (1921-1950). - Ann. Academ. Scient. Fennicae A, III. Geol. Geogr. 119: 19 pp.

LAAKSONEN, K. (1979): Areal distribution of monthly mean air temperatures in Fennoscandia (1921-1950). - Fennia 157: 89-124.

LAUTRIDOU, J.P. & J.C. OZOUF (1982): Experimental frost shattering, 15 years of research at the Centre de Géomophologie du C.N.R.S. - Progress in Physical Geography 2: 215-232

LACHAPELLE, E.R. (1969): Field guide to snow crystals. - Univ. Washington Press; Seattle and London: 101 pp.

LACHENBRUCH, A.H. & B.V. MARSHALL (1969): Heat Flow in the Arctic. - Arctic 22: 300-311.

LINNELL, K.A. & J.F. TEDROW (ed.) (1981): Soil and Permafrost Surveys in the Arctic. - Monographs on Soil Survey: 250 pp., New York.

LU, G., D. GUO & J. DAI (1983): Basic characteristics of permafrost in northeast China. - Permafrost: Fourth Internat. Conf., Proc., Nat. Acad. Press, Washington, D.C.: 740-743.

LUNDQVIST, J. (1962): Patterned ground and related frost phenomena in Sweden. - Sveriges Geol. Unders. C 583: 101 pp.

--(1963): Patterned Ground in Sweden. - In: Proceedings Permafrost International Conference, Nat. Acad. Sci. - Nat. Res. Council, Publ. 1287, Washington: 146-149.

MACKAY, D.K. (1969): Electrical Resistivity Measurements in Frozen Ground, Mackenzie Delta area, Northwest Territories. - Association internationale d' Hydrologie Scientifique. Actes du Colloque de Bucarest - mai 1969 - Hydrologie des Deltas: 363-375.

MACKAY, J.R. & R.F. BLACK (1973): Origin, Composition and Structure of perennially frozen ground and ground ice: A Review. - In: Permafrost: North American Contribution to the Second International Conference, Yakutsk, 1973. National Academy of Sciences, Washington, D.C.: 185-192.

MARKGREN, M. (1964): Geomorphological Studies in Fennoscandia. Vol. II: Chute Slopes in Northern Fennoscandia. A. Regional Studies. - Lund Studies in Geography, Ser. A, 27: 136 pp.

MATTHEWS, J.A. (o.J.): Jotunheimen Research Expeditions 1970-1980, Retrospect and Prospect. - University College Cardiff: 12 pp.

MATTHEWS, J.A. & J.R. PETCH (1982): Within-valley asymmetry and related problems of Neoglacial lateral moraine development at certain Jotunheimen glaciers, southern Norway. - Boreas 11: 225-247, Oslo.

MELANDER, O. (1975): Geomorphologiska kartbladet 29 I KEBNEKAISE - Beskrivning och naturvärdesbedömning. - Statens naturvårdsverk, SNV PM 540: 78 pp.

MEL'NIKOW, P.I. (1978): Basic results of research in the field of permafrost for the period from 1963 to 1973 and the prospects for its development. - Permafrost: USSR Contribution to the Second International Conference, Yakutsk, July 13-28, 1973. National Academy of Sciences, Washington, D.C.: 687-697.

MÖLLER, J.J. & J.L. SOLLID (1972): Deglaciation Chronology of Lofoten - Vesterålen - Ofoten, North Norway. - Norsk geogr. Tidsskr. 26: 101-133.

MÖRNER, N.-A. (ed.) (1980): Earth rheology, isostasy and eustasy. - J. Wiley & Sons; Chichester, New York, Brisbane, London: 590 pp.

MOONEY, H.M. (1977): Handbook of Engineering Geophysics. - Bison Instruments, Inc., Minneapolis, Minnesota.

MULLER, S.W. (1947): Permafrost or permanently frozen ground and related engineering problems. - Ann Arbor, Mich.: 231 pp.

MUNDRY, E. & J. HOMILIUS (1979): Three-Layer Model Curves for Geoelectrical Resistivity Measurements, Schlumberger Array, Log Cycle 83.33 mm, with 615 sets of Curves. - Bundesanstalt Geowiss. u. Rohstoffe, Hannover, 19 pp.

NAROD, B.B. (1976): Bridge optimization for thermistor measurements. - J. Glaciol. 16, 74: 269-275.

NICHOLSON, F.H. (1978): Permafrost Distribution and Characteristics near Schefferville, Quebec: Recent Studies. - In: Proceedings of the Third International Conference on Permafrost, July 10-13, 1978, Edmonton, Alberta, Canada. National Research Council of Canada, Ottawa, Vol. 1: 427-433.

NICHOLSON, F.H. & H.B. GRANBERG (1973): Permafrost and Snow-
cover Relationships near Schefferville. - Permafrost: North American Contribution to the Second
International Conference, Yakutsk, 1973. National
Academy of Sciences, Washington, D. C. : 151-158

NORSK METEOROLOGISK ÅRBOK (1875-1981) - utgitt av det Norske
Meteorologiske Institutt, Oslo.

OLHOEFT, G.R. (1978): Electrical Properties of Permafrost. - In: Pro-
ceedings of the Third International Conference on
Permafrost, July 10-13, 1978, Edmonton, Alberta,
Canada. National Research Council of Canada,
Ottawa. Vol. 1: 127-131.

ØSTREM, G. (1960): Breer og morener i Jotunheimen. - Norsk Geogr.
Tidsskr. XVII (1959/60): 210-243.

--(1964): Ice-cored moraines in Scandinavia. - Geogr.
Ann. 46: 282-337.

--(1965): Problems of dating ice-cored moraines. - Geogr.
Ann. 47: 1-38.

--(1971): Rock glaciers and ice-cored moraines, a reply
to D. Barsch. - Geogr. Ann. 53 A, 3-4: 207-213.

--(in prep.): Rock-glaciers and ice-cored moraines. - In:
J.R. Giardino (ed.): Rockglaciers.

ØSTREM, G. & O. LIESTØL (1964): Glasialgeologiske undersøkelser i
Norge 1963. - Norsk Geogr. Tidsskr. 18: 281-340.

ØSTREM, G. & T. ZIEGLER (1969): Atlas over Breer i Sør-Norge, Atlas
of Glaciers in South Norway. - Medd. nr. 20 fra
Hydrologisk Avdeling, Norges Vassdrags - og
Elektrisitetsvesen: 207 pp., Oslo.

ØSTREM, G. & K. ARNOLD (1970): Ice-cored moraines in southern
British Columbia and Alberta, Canada. - Geogr.
Ann. 52 A: 120-128.

ØSTREM, G., N. HAAKENSEN & O. MELANDER (1973): Atlas over
Breer i Nord-Skandinavia/Glacier Atlas of Northern
Scandinavia. - Medd. nr. 22 fra Hydrologisk Avd.,
Norges Vassdrags - og Elektrisitetsvesen & Uni-
versity of Stockholm: 315 pp., Oslo und Stockholm.

PANCZA, A. (1979): Contribution à l'étude des formations périglaciaires
dans le Jura. - Bull. Soc. Neuchâtel. Géogr. 24:
187 pp.

PARASNIS, D.S. (1972): Principles of Applied Geophysics. - 214 pp.,
London, Chapman and Hall.

PATERSON, W.S.B. (1975^3): The Physics of Glaciers. - Oxford: 250 pp.

PÉWÉ, T.L. (ed.) (1969): The Periglacial Environment. Past and Present. - Montreal: 487 pp.

--(1979): Permafrost - and its Affects on Human Activities in Arctic and Subarctic Regions. - Geo Journal 3 (4): 333-344.

--(1983): Alpine permafrost in the contiguous United States: a review. - Arc.Alp.Res. 15, 2: 145-156.

PISSART, A. (1982): Expériences de terrain et de laboratoire pour expliquer la genèse de sols polygonaux décimetriques triés. - Studia geomorphologica carpato-balcanica, XV: 39-47.

RAPP, A. (1957): Studien über Schutthalden in Lappland und auf Spitzbergen. - Z. Geomorph. 1, 2: 179-200.

--(1960): Recent Development of Mountain Slopes in Kärkevagge and Surroundings, Northern Scandinavia. - Geogr. Ann. XLII, 2-3: 65-200.

--(1962): Kärkevagge, some recordings of mass-movements in the northern Scandinavian mountains. - Biul. Peryglac., 11: 287-309.

--(1963): Solifluction and avalanches in the Scandinavian mountains. - Proc.Permafrost International Conf., NAS-NRC Washington, D.C.: 150-154.

--(1974): Geomorphologische Prozesse und Prozeßkombinationen in der Gegenwart unter verschiedenen Klimabedingungen. - Abh. Akad. Wiss. Göttingen, Math.-Physikal. Kl. III. Folge, Nr. 29: 118-136.

--(1982): Zonation of permafrost indicators in Swedish Lappland. - Geografisk Tidsskrift 82: 37-38.

RAPP, A. & L. ANNERSTEN (1969): Permafrost and Tundra Polygons in Northern Sweden. - In: PÉWÉ, T.L. (ed.): The Periglacial Environment. Past and Present: 65-91, Montreal.

RAPP, A. & G.M. CLARK (1971): Large nonsorted polygons in Padjelanta National Park, Swedish Lappland. - Geogr.Ann. 53 A, 2: 71-85.

RAPP, A. & S. RUDBERG (1964): Studies on Periglacial Phenomena in
 Scandinavia 1960-1963. - Biul. Peryglac. 14:
 75-89, Lodz.

ROSSWALL, T., J.G.K. FLOWER-ELLIS, L.G. JOHANSSON, S. JONS-
SON, B.E. RYDÉN, M. SONESSON (1975): Stordalen (Abisko), Sweden. -
 In: Rosswall, T. and O.W. Heal (eds.): Structure
 and Function of Tundra Ecosystems. Ecological
 Bull 20: 265-294.

RUDBERG, S. (1974): Geologie und Morphologie. - In: A. Sömme: Die
 nordischen Länder, Dänemark, Finnland, Island,
 Norwegen, Schweden: 35-51, Braunschweig.

--(1977): Periglacial Zonation in Scandinavia. - In: Poser,
 H. (Hrsg.), Formen, Formengesellschaften und
 Untergrenzen in den heutigen periglazialen Höhenstufen der Hochgebirge Europas und Afrikas zwischen Arktis und Äquator. - Abhandlungen d.
 Akad. d. Wiss. in Göttingen, Math.-Physikal. Kl.,
 3. Folge, Nr. 31: 92-104.

SANDBERG, G. (1965): Abisko National Park. - Abisko Naturvetenskaplig
 Station: 1-44.

SCHYTT, V. (1947): Glaciologiska arbeten i Kebnekajse. - Ymer, 1: 18-
 42.

--(1959): The Glaciers of the Kebnekajse-Massif. - Geogr.
 Ann. XLI, 4: 213-227.

--(1968): Notes on glaciological activities in Kebnekaise,
 Sweden during 1966 and 1967. - Geogr. Ann. 50 A,
 2: 111-120.

--(ed.) (1973): TARFALA, 14. Sept. 1969. Karte im Maßstab 1:
 10.000. - Stockholm.

-(1978): Tarfala och dess forskningsverksamhet. - Natur-
 geografiska Fältstationen I Tarfala. Information I.
 STOU-NG: 27 pp., Stockholm.

SCOTT, W.J. & J.A. HUNTER (1977): Applications of geophysical
 techniques in permafrost regions. - Can. J. Earth
 Sci., 14 (1): 117-127.

SCOTTER, G.W. (1975): Permafrost profiles in the continental divide
 region of Alberta and British Columbia. - Arctic
 and Alpine Res. 7: 93-95.

SÉGUIN, M.K. (1974a): The Use of Geophysical Methods in Permafrost Investigation: Iron Ore Deposits of the Central Part of the Labrador Trough, Northeastern Canada. - Geoforum 18: 55-67.

--(1974b): Etat des Recherches sur le Pergélisol dans la Partie Centrale de la Fosse du Labrador, Québec Subarctique. - Rev. Géogr. Montr. 28, 4: 343-356.

SEPPÄLÄ, M. (1976): Periglacial character of the climate of the Kevo region (Finnish Lapland) on the basis of meteorological observations 1962-71. - Rep. Kevo Subarctic Res. Stat. 13: 1-11.

--(1982a): An experimental study of the formation of palsas. - Proc. 4th Can. Permafrost Conf. Calgary. The Roger J.E. Brown Memorial Volume: 36-42.

--(1982b): Present-day periglacial phenomena in northern Finland. - Biul.Peryglac., 29: 231-243.

SEPPÄLÄ, M. & J. RASTAS (1980): Vegetation map of northernmost Finland with special reference to subarctic forest limits and natural hazards. - Fennia 158: 41-61, Helsinki.

SOLLID, J.L. (1975): Dovrefjell Nasjonalpark Landskapet. - Geografisk institutt, Universitetet i Oslo: 16 pp.

SOLLID, J.L.; S. ANDERSEN; N. HAMRE; O. KJELDSEN; O. SALVIGSEN; S. STURØD; T. TVEITÅ; A. WILHELMSEN (1973): Deglaciation of Finnmark, North Norway. - Norsk geogr. Tidsskr. 27: 233-325.

SOLLID, J.L. & A.B. CARLSON (1980): Folldal. Beskrivelse til kvartaergeologisk kart 1:50 000 (1519 II). - Norsk geogr. Tidsskr. 34: 191-212.

SOLLID, J.L.; A.B. CARLSON & B. TORP (1980): Trollheimen-Sunndalsfjella-Oppdal. Kvartaergeologisk kart 1:100000. Kort beskrivelse til kartet. - Norsk geogr. Tidsskr. 34: 177-189.

SOLLID, J.L. & L. SØRBEL (1974): Palsa bogs at Haugtjørnin, Dovrefjell, South Norway. - Norsk geogr. Tidsskr. 28, 1: 53-60.

--(1979a): Deglaciation of western Central Norway. - Boreas 8: 233-239.

SOLLID, J.L. & L. SØRBEL (1979b): Einunna Kvartaergeologisk Kart
1:50 000, 1519 I. - Geografisk Institutt,
Universitetet i Oslo.

SÖMME, A. (Hrsg.) (1974): Die Nordischen Länder, Dänemark, Finnland, Island, Norwegen, Schweden. - Westermann, Braunschweig: 344 pp. + Anhang (deutsche Übersetzung der engl. Ausgabe von 1960 durch W. Tietze, 2. Aufl.).

SONESSON, M. (1969): Studies on Mire Vegetation in the Torneträsk Area, Northern Sweden; II: Winter Conditions of the Poor Mires. - Bot. Notiser 122: 481-511.

--(1979): Abisko Scientific Research Station: Environment and Research. - Holarctic Ecology, 2: 279-283.

--(1980a): Forskningen i Abisko. - Fauna och flora, no 1: 1-7.

--(1980b): Klimatet och skogsgränsen Abisko. - Fauna och flora, no 1: 8-11.

STÄBLEIN, G. (1977): Periglaziale Formengesellschaften und rezente Formungsbedingungen in Grönland. - Abh. Gött. Akad. Wiss., Math.-Phys. Kl., 3. Folge, 31: 18-33.

--(1979): Verbreitung und Probleme des Permafrostes im nördlichen Kanada. - Marburger Geogr. Schriften 79: 27-43.

STEARNS, S.R. (1966): Permafrost (perennially frozen ground). - U.S. Army Cold Regions Res. Engineering Lab., Techn. Rep. 1 (A2): 77 pp.

SVENSSON, H. (1962): Observations on palses. Photographic interpretation and field studies in North Norwegian frost ground areas. - Norsk geogr. Tidsskr. 18: 5-6.

--(1963): Tundra Polygons. Photographic interpretation and field studies in North-Norwegian polygon areas. - Norges geol. Unders. 223: 298-327.

--(1969): Open Fissures in a Polygonal Net on the Norwegian Arctic Coast. - Biul. Peryglac. 19: 389-398.

--(1982): Periglacialmorfologisk forskning i de nordiska länderna. - Geografisk Tidsskrift 82: 25-29

SVERIGES METEOROLIGISKA OCH HYDROLOGISKA INSTITUT (Hrsg.)
(1973): Klimastatistik Lufttemperatur, Tabell 7: 1-16, Medeltemperaturer 1931-1960, Referensnormaler.

THYSSEN, F. (1976): Elektrische Widerstandsmessungen großer Auslage in Zentral-Grönland. - 10. Internat. Polartagung, Zürich 1976, Kurzfassung der Vorträge: 2 pp.

THYSSEN, F. & S. SHABTAIE (1983): Durchführung und Auswertung geoelektrischer Messungen großer Auslage bei Dome C, Ostantarktis. - Polarforschung 53 (1): 1-10.

TIMUR, A. (1968): Velocity of compressional waves in porous media at permafrost temperatures. - Geophysics 33 (4): 584-595.

TRICART, J. (1967): Le modelé des régions périglaciaires. - In: J. Tricart & A. Cailleux: Traité de Géomorphologie, Tome II. - Paris: 512 pp.

VORREN, K.D. (1967): Evig Tele i Norge. - Ottar 51: 26 pp.

WALLÉN, C.C. (1974): Das Klima. - In: A. Sömme: Die nordischen Länder, Dänemark, Finnland, Island, Norwegen, Schweden: 52-63, Braunschweig.

WASHBURN, A.L. (1979): Geocryology - A survey of periglacial processes and environments. - London: 406 pp.

--(1983): What is a Palsa?. - Abh. Akad. Wiss. Göttingen, Math.-physikal. Kl. 3, 35: 34-47.

WHITE, S.E.; G.M. CLARK & A. RAPP (1969): Palsa localities in Padjelanta National Park, Swedish Lappland. - Geogr. Ann. 51 A, 3: 97-103.

WILLIAMS, P.J. (1967): Properties and behaviour of freezing soils. - Norwegian Geotechnical Institute, Publ. 72: 119 pp.

WISHMAN, E. (1966): Nord-Norges Klima. - Ottar 49: 14 pp., Tromsö.

WRAMNER, P. (1973): Studies of Palsa Bogs in Taavavuoma and the Laiva Valley, Swedish Lapland. - Akademisk Avhandling, Göteborg: 7 pp.

ZARUBIN, N. Ye & O.V. PAVLOV (1978): Predicting the variation in seismic properties of permafrost. - In: Permafrost: USSR Contribution to the Second International Conference, Yakutsk, July 13-28, 1973. National Academy of Sciences, Washington, D.C.: 475-479.

ZHOU, Y. & D. GUO (1983): Some features of permafrost in China. - Permafrost: Fourth Internat.Conf., Proc.; Nat. Acad.Press, Washington, D.C.: 1496-1501.

Anhang: Ausgewählte Weg-Zeit-Diagramme
Appendix: Selected travel-time/distance graphs

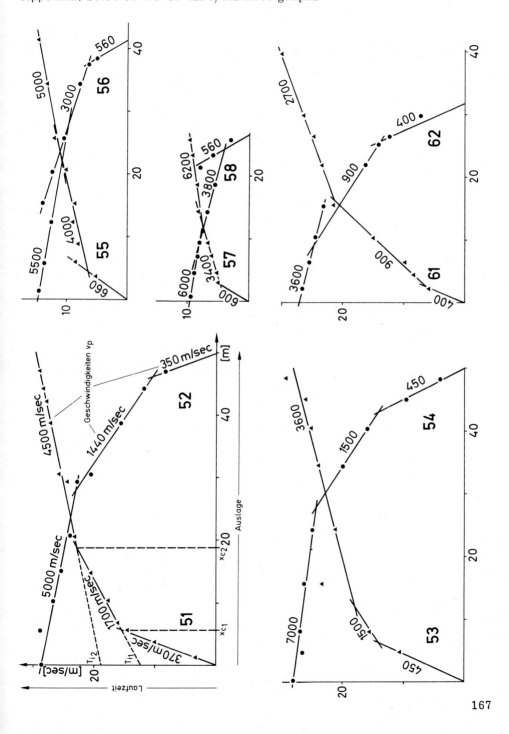

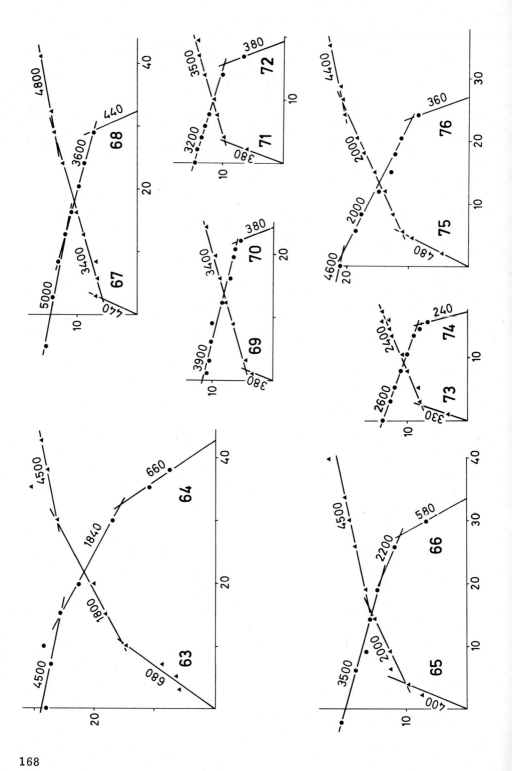

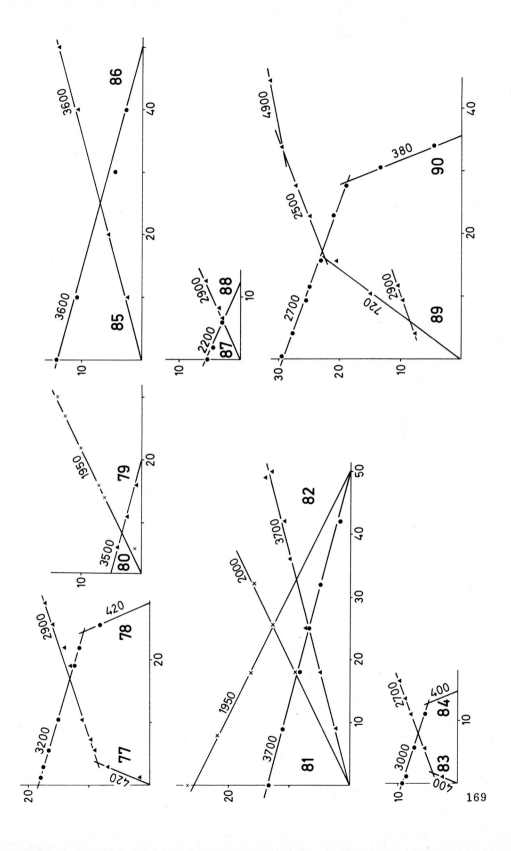

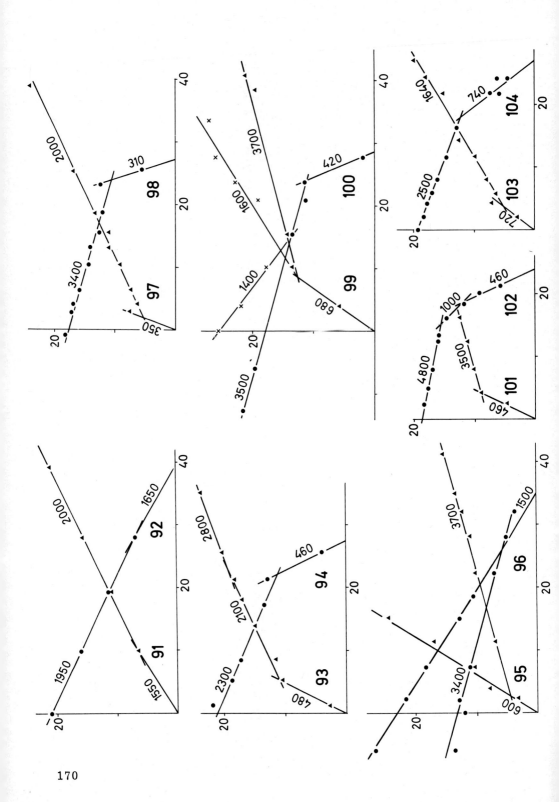

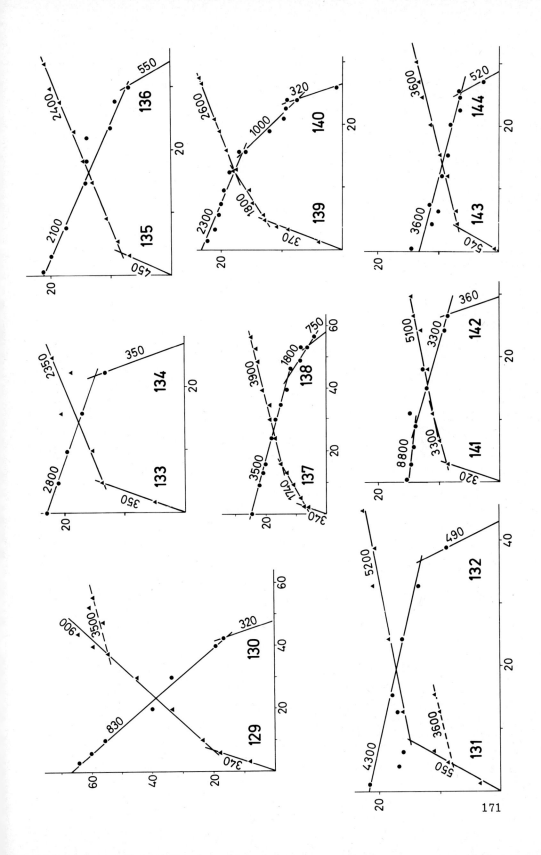

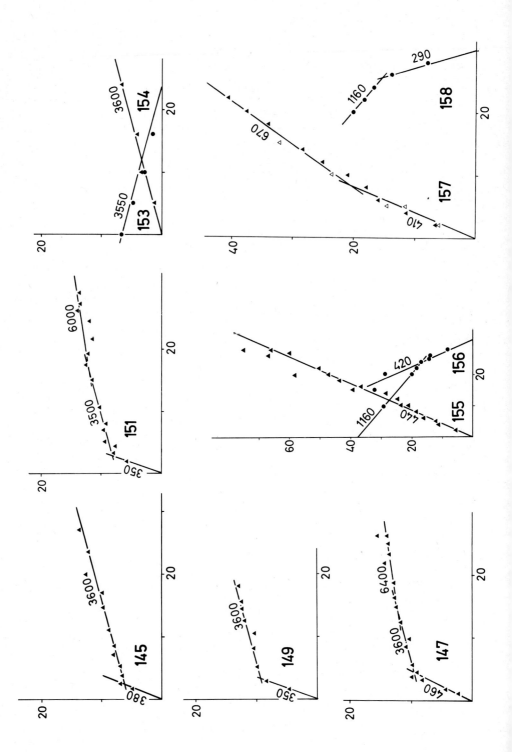

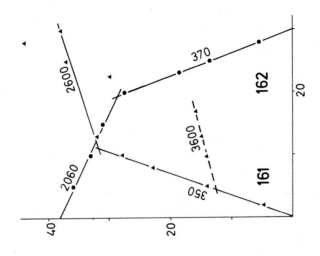
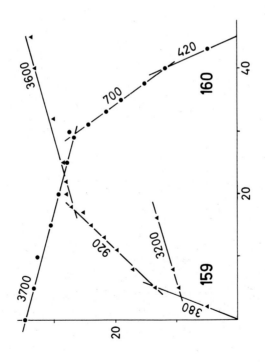

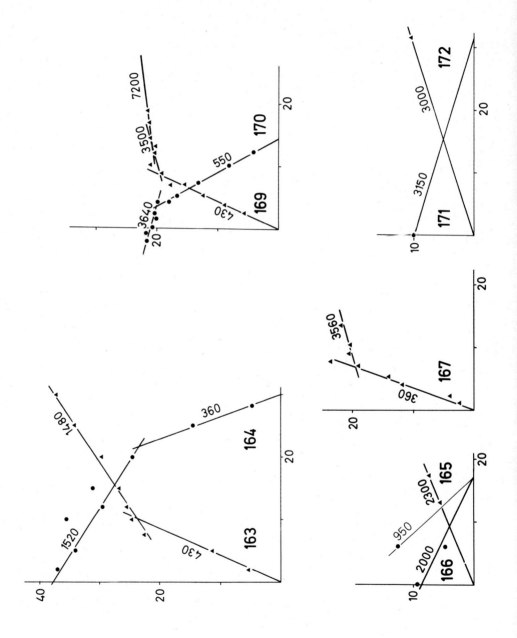

HEIDELBERGER GEOGRAPHISCHE ARBEITEN

Heft 1 Felix Monheim: Beiträge zur Klimatologie und Hydrologie des Titicacabeckens. 1956. 152 Seiten, 38 Tabellen, 13 Figuren, 3 Karten im Text und 1 Karte im Anhang. DM 12,—

Heft 2 Adolf Zienert: Die Großformen des Odenwaldes. 1957. 156 Seiten, 1 Abbildung, 6 Figuren, 4 Karten, davon 2 mit Deckblatt. Vergriffen

Heft 3 Franz Tichy: Die Land- und Waldwirtschaftsformationen des kleinen Odenwaldes. 1958. 154 Seiten, 21 Tabellen, 18 Figuren, 6 Abbildungen, 4 Karten. DM 14,—

Heft 4 Don E. Totten: Erdöl in Saudi-Arabien. 1959. 174 Seiten, 1 Tabelle, 11 Abbildungen, 16 Figuren. DM 15,—

Heft 5 Felix Monheim: Die Agrargeographie des Neckarschwemmkegels. 1961. 118 Seiten, 50 Tabellen, 11 Abbildungen, 7 Figuren, 3 Karten. DM 22,80

Heft 6 Alfred Hettner – 6. 8. 1859. Gedenkschrift zum 100. Geburtstag. Mit Beiträgen von E. Plewe und F. Metz, drei selbstbiograph. Skizzen A. Hettners und einer vollständigen Bibliographie. 1960. 88 Seiten, mit einem Bild Hettners. DM 5,80

Heft 7 Hans-Jürgen Nitz: Die ländlichen Siedlungsformen des Odenwaldes. 1962. 146 Seiten, 35 Figuren, 1 Abbildung, 2 Karten. vergriffen

Heft 8 Franz Tichy: Die Wälder der Basilicata und die Entwaldung im 19. Jahrhundert. 1962. 175 Seiten, 15 Tabellen, 19 Figuren, 16 Abbildungen, 3 Karten. DM 29,80

Heft 9 Hans Graul: Geomorphologische Studien zum Jungquartär des nördlichen Alpenvorlandes. Teil I: Das Schweizer Mittelland. 1962. 104 Seiten, 6 Figuren, 6 Falttafeln. DM 24,80

Heft 10 Wendelin Klaer: Eine Landnutzungskarte von Libanon. 1962. 56 Seiten, 7 Figuren, 23 Abbildungen, 1 farbige Karte. DM 20,20

Heft 11 Wendelin Klaer: Untersuchungen zur klimagenetischen Geomorphologie in den Hochgebirgen Vorderasiens. 1963. 135 Seiten, 11 Figuren, 51 Abbildungen, 4 Karten. DM 30,70

Heft 12 Erdmann Gormsen: Barquisimeto, eine Handelsstadt in Venezuela. 1963. 143 Seiten, 11 Karten, 26 Tabellen, 16 Abbildungen. DM 32,—

Heft 13 Ingo Kühne: Der südöstliche Odenwald und das angrenzende Bauland. 1964. 364 Seiten, 20 Tabellen, 22 Karten. vergriffen

Heft 14 Hermann Overbeck: Kulturlandschaftsforschung und Landeskunde. 1965. 357 Seiten, 1 Bild, 5 Karten, 6 Figuren. vergriffen

Heft 15 Heidelberger Studien zur Kulturgeographie. Festgabe für Gottfried Pfeifer. 1966. 373 Seiten, 11 Karten, 13 Tabellen, 39 Figuren, 48 Abbildungen. vergriffen

Heft 16 Udo Högy: Das rechtsrheinische Rhein-Neckar-Gebiet in seiner zentralörtlichen Bereichsgliederung auf der Grundlage der Stadt-Land-Beziehungen. 1966. 199 Seiten, 6 Karten. vergriffen

Heft 17 Hanna Bremer: Zur Morphologie von Zentralaustralien. 1967. 224 Seiten, 6 Karten, 21 Figuren, 48 Abbildungen. DM 28,—

Sämtliche Hefte sind über das Geographische Institut der Universität Heidelberg zu beziehen.

HEIDELBERGER GEOGRAPHISCHE ARBEITEN

Heft 18 Gisbert Glaser: Der Sonderkulturanbau zu beiden Seiten des nördlichen Oberrheins zwischen Karlsruhe und Worms. Eine agrargeographische Untersuchung unter besonderer Berücksichtigung des Standortproblems. 1967. 302 Seiten, 116 Tabellen und 12 Karten.
DM 20,80

Heft 19 Kurt Metzger: Physikalisch-chemische Untersuchungen an fossilen und relikten Böden im Nordgebiet des alten Rheingletschers. 1968. 99 Seiten, 8 Figuren, 9 Tabellen, 7 Diagramme, 6 Abbildungen.
DM 9,80

Heft 20 Beiträge zu den Exkursionen anläßlich der DEUQUA-Tagung August 1968 in Biberach an der Riß. Zusammengestellt von Hans Graul. 1968. 124 Seiten, 11 Karten. 16 Figuren, 8 Diagramme und 1 Abbildung.
DM 12,—

Heft 21 Gerd Kohlhepp: Industriegeographie des nördlichen Santa Catarina (Südbrasilien). Ein Beitrag zur Geographie eines deutsch-brasilianischen Siedlungsgebietes. 1968. 402 Seiten, 31 Karten, 2 Figuren, 15 Tabellen und 11 Abbildungen.
vergriffen

Heft 22 Heinz Musall: Die Entwicklung der Kulturlandschaft der Rheinniederung zwischen Karlsruhe und Speyer vom Ende des 16. bis zum Ende des 19. Jahrhunderts. 1969. 274 Seiten, 55 Karten, 9 Tabellen und 3 Abbildungen
vergriffen

Heft 23 Gerd R. Zimmermann: Die bäuerliche Kulturlandschaft in Südgalicien. Beitrag zur Geographie eines Übergangsgebietes auf der Iberischen Halbinsel. 1969. 224 Seiten, 20 Karten, 19 Tabellen, 8 Abbildungen.
DM 21,—

Heft 24 Fritz Fezer: Tiefenverwitterung circumalpiner Pleistozänschotter. 1969. 144 Seiten, 90 Figuren, 4 Abbildungen und 1 Tabelle. DM 16,—

Heft 25 Naji Abbas Ahmad: Die ländlichen Lebensformen und die Agrarentwicklung in Tripolitanien. 1969. 304 Seiten, 10 Karten und 5 Abbildungen.
DM 20,—

Heft 26 Ute Braun: Der Felsberg im Odenwald. Eine geomorphologische Monographie. 1969. 176 Seiten, 3 Karten, 14 Figuren, 4 Tabellen und 9 Abbildungen.
DM 15,—

Heft 27 Ernst Löffler: Untersuchungen zum eiszeitlichen und rezenten klimagenetischen Formenschatz in den Gebirgen Nordostanatoliens. 1970. 162 Seiten, 10 Figuren und 57 Abbildungen.
DM 19,80

Heft 28 Hans-Jürgen Nitz: Formen der Landwirtschaft und ihre räumliche Ordnung in der oberen Gangesebene. IX, 193 S., 41 Abbildungen, 21 Tabellen, 8 Farbtafeln. Wiesbaden: Franz Steiner Verlag 1974.
vergriffen

Heft 29 Wilfried Heller: Der Fremdenverkehr im Salzkammergut – eine Studie aus geographischer Sicht. 1970. 224 S., 15 Karten, 34 Tabellen.
DM 32,—

Heft 30 Horst Eichler: Das präwürmzeitliche Pleistozän zwischen Riss und oberer Rottum. Ein Beitrag zur Stratigraphie des nordöstlichen Rheingletschergebietes. 1970. 144 Seiten, 5 Karten, 2 Profile, 10 Figuren, 4 Tabellen und 4 Abbildungen.
DM 14,—

Heft 31 Dietrich M. Zimmer: Die Industrialisierung der Bluegrass Region von Kentucky. 1970. 196 Seiten, 16 Karten, 5 Figuren, 45 Tabellen und 11 Abbildungen.
DM 21,50

Sämtliche Hefte sind über das Geographische Institut der Universität Heidelberg zu beziehen.

HEIDELBERGER GEOGRAPHISCHE ARBEITEN

Heft 32 Arnold Scheuerbrandt: Südwestdeutsche Stadttypen und Städtegruppen bis zum frühen 19. Jahrhundert. Ein Beitrag zur Kulturlandschaftsgeschichte und zur kulturräumlichen Gliederung des nördlichen Baden-Württemberg und seiner Nachbargebiete. 1972. 500 S., 22 Karten, 49 Figuren, 6 Tabellen   vergriffen

Heft 33 Jürgen Blenck: Die Insel Reichenau. Eine agrargeographische Untersuchung. 1971. 248 Seiten, 32 Diagramme, 22 Karten, 13 Abbildungen und 90 Tabellen.   DM 52,—

Heft 34 Beiträge zur Geographie Brasiliens. Von G. Glaser, G. Kohlhepp, R. Mousinho de Meis, M. Novaes Pinto und O. Valverde. 1971. 97 Seiten, 7 Karten, 12 Figuren, 8 Tabellen und 7 Abbildungen.   vergriffen

Heft 35 Brigitte Grohmann-Kerouach: Der Siedlungsraum der Ait Ouriaghel im östlichen Rif. 1971. 226 Seiten, 32 Karten, 16 Figuren und 17 Abbildungen.   DM 20,40

Heft 36 Symposium zur Agrargeographie anläßlich des 80. Geburtstages von Leo Waibel am 22. 2. 1968. 1971. 130 Seiten.   DM 11,50

Heft 37 Peter Sinn: Zur Stratigraphie und Paläogeographie des Präwürm im mittleren und südlichen Illergletscher-Vorland. 1972. XVI, 159 S., 5 Karten, 21 Figuren, 13 Abbildungen, 12 Längsprofile, 11 Tabellen.
    DM 22,—

Heft 38 Sammlung quartärmorphologischer Studien I. Mit Beiträgen von K. Metzger, U. Herrmann, U. Kuhne, P. Imschweiler, H.-G. Prowald, M. Jauß †, P. Sinn, H.-J. Spitzner, D. Hiersemann, A. Zienert, R. Weinhardt, M. Geiger, H. Graul und H. Völk. 1973. 286 S., 13 Karten, 39 Figuren, 3 Skizzen, 31 Tabellen, 16 Abbildungen.   DM 31,—

Heft 39 Udo Kuhne: Zur Stratifizierung und Gliederung quartärer Akkumulationen aus dem Bièvre-Valloire, einschließlich der Schotterkörper zwischen St.-Rambert-d'Albon und der Enge von Vienne. 94 Seiten, 11 Karten, 2 Profile, 6 Abbildungen, 15 Figuren und 5 Tabellen (mit englischem summary und französischem résumé). 1974.   DM 24,—

Heft 40 Hans Graul-Festschrift. Mit Beiträgen von W. Fricke, H. Karrasch, H. Kohl, U. Kuhne, M. Löscher u. M. Léger, L. Piffl, L. Scheuenpflug, P. Sinn, J. Werner, A. Zienert, H. Eichler, F. Fezer, M. Geiger, G. Meier-Hilbert, H. Bremer, K. Brunnacker, H. Dongus, A. Kessler, W. Klaer, K. Metzger, H. Völk, F. Weidenbach, U. Ewald, H. Musall u. A. Scheuerbrandt, G. Pfeifer, J. Blenck, G. Glaser, G. Kohlhepp, H.-J. Nitz, G. Zimmermann, W. Heller, W. Mikus. 1974. 504 Seiten, 45 Karten, 59 Figuren und 30 Abbildungen.   DM 44,—

Heft 41 Gerd Kohlhepp: Agrarkolonisation in Nord-Paraná. Wirtschafts- und sozialgeographische Entwicklungsprozesse einer randtropischen Pionierzone Brasiliens unter dem Einfluß des Kaffeeanbaus. Wiesbaden: Franz Steiner Verlag 1974.   DM 94,—

Heft 42 Werner Fricke, Anneliese Illner und Marianne Fricke: Schrifttum zur Regionalplanung und Raumstruktur des Oberrheingebietes. 1974. 93 Seiten   DM 10,—

Heft 43 Horst Georg Reinhold: Citruswirtschaft in Israel. 1975. 307 S., 7 Karten, 7 Figuren, 8 Abbildungen, 25 Tabellen.   DM 30,—

Sämtliche Hefte sind über das Geographische Institut der Universität Heidelberg zu beziehen.

HEIDELBERGER GEOGRAPHISCHE ARBEITEN

Heft 44 Jürgen Strassel: Semiotische Aspekte der geographischen Erklärung. Gedanken zur Fixierung eines metatheoretischen Problems in der Geographie. 1975. 244 S. DM 30,—

Heft 45 M. Löscher: Die präwürmzeitlichen Schotterablagerungen in der nördlichen Iller-Lech-Platte. 1976. XI, 157 S., 4 Karten, 11 Längs- und Querprofile, 26 Figuren, 3 Tabellen, 8 Abbildungen. DM 30,—

Heft 46 Heidelberg und der Rhein-Neckar-Raum. Sammlung sozial- und stadtgeographischer Studien. Mit Beiträgen von B. Berken, W. Fricke, W. Gaebe, E. Gormsen, R. Heinzmann, A. Krüger, C. Mahn, H. Musall, T. Neubauer, C. Rösel, A. Scheuerbrandt, B. Uhl und H.-O. Waldt. 1981. 335 S. DM 36,—

Heft 47 Fritz Fezer und R. Seitz (Herausg.): Klimatologische Untersuchungen im Rhein-Neckar-Raum. Mit Beiträgen von H. Eichler, F. Fezer, B. Friese, M. Geiger, R. Hille, K. Jasinski, R. Leska, B. Oehmann, D. Sattler, A. Schorb, R. Seitz, G. Vogt und R. Zimmermann. 1978. 243 S., 111 Abbildungen, 11 Tabellen. DM 31,—

Heft 48 G. Höfle: Das Londoner Stadthaus, seine Entwicklung in Grundriß, Aufriß und Funktion. 1977. 232 S., 5 Karten, 50 Figuren, 6 Tabellen und 26 Abbildungen. DM 34,—

Heft 49 Sammlung quartärmorphologischer Studien II. Mit Beiträgen von W. Essig, H. Graul, W. König, M. Löscher, K. Rögner, L. Scheuenpflug, A. Zienert u. a. 1979. 226 S. DM 35,—

Heft 50 Hans Graul: Geomorphologischer Exkursionsführer für den Odenwald. 1977. 212 S., 40 Figuren und 14 Tabellen. DM 19,80

Heft 51 F. Ammann: Analyse der Nachfrageseite der motorisierten Naherholung im Rhein-Neckar-Raum. 1978. 163 S., 22 Karten, 6 Abbildungen, 5 Figuren und 46 Tabellen. DM 31,—

Heft 52 Werner Fricke: Cattle Husbandry in Nigeria. A study of its ecological conditions and social-geographical differentiations. 1979. 328 S., 33 Maps, 20 Figures, 52 Tables, and 47 Plates. DM 42,—

Heft 53 Adolf Zienert: Klima-, Boden- und Vegetationszonen der Erde. Eine Einführung. 1979. 34 Abb., 9 Tab. DM 21,—

Heft 54 Reinhard Henkel: Central Places in Western Kenya. A comparative regional study using quantitative methods. 1979. 274 S., 53 Maps, 40 Figures, and 63 Tables. DM 38,—

Heft 55 Hans-Jürgen Speichert: Gras-Ellenbach, Hammelbach, Litzelbach, Scharbach, Wahlen. Die Entwicklung ausgewählter Fremdenverkehrsorte im Odenwald. 1979. 184 S., 8 Karten, 97 Tabellen. DM 31,—

Heft 56 Wolfgang-Albert Flügel: Untersuchungen zum Problem des Interflow. Messungen der Bodenfeuchte, der Hangwasserbewegung, der Grundwassererneuerung und des Abflußverhaltens der Elsenz im Versuchsgebiet Hollmuth/Kleiner Odenwald. 1979. 170 S., 3 Karten, 27 Figuren, 12 Abbildungen, 60 Tabellen. DM 29,—

Heft 57 Werner Mikus: Industrielle Verbundsysteme. Studien zur räumlichen Organisation der Industrie am Beispiel von Mehrwerksunternehmen in Südwestdeutschland, der Schweiz und Oberitalien. Unter Mitarbeit von G. Kost, G. Lamche und H. Musall. 1979. 173 S., 42 Figuren, 45 Tabellen. vergriffen

Sämtliche Hefte sind über das Geographische Institut der Universität Heidelberg zu beziehen.

HEIDELBERGER GEOGRAPHISCHE ARBEITEN

Heft 58 Hellmut R. Völk: Quartäre Reliefentwicklung in Südostspanien. Eine stratigraphische, sedimentologische und bodenkundliche Studie zur klimamorphologischen Entwicklung des mediterranen Quartärs im Becken von Vera. 1979. 143 S., 1 Karte, 11 Figuren, 11 Tabellen und 28 Abb.
DM 28,—

Heft 59 Christa Mahn: Periodische Märkte und zentrale Orte – Raumstrukturen und Verflechtungsbereiche in Nord-Ghana. 1980. 197 S., 20 Karten, 22 Figuren und 50 Tabellen.   DM 28,—

Heft 60 Wolfgang Herden: Die rezente Bevölkerungs- und Bausubstanzentwicklung des westlichen Rhein-Neckar-Raumes. Eine quantitative und qualitative Analyse. 1983. 229 S., 27 Karten, 43 Figuren und 34 Tabellen.
DM 39,—

Heft 61 Traute Neubauer: Der Suburbanisierungsprozeß an der Nördlichen Badischen Bergstraße. 1979. 252 S., 29 Karten, 23 Figuren, 89 Tabellen.
DM 35,—

Heft 62 Gudrun Schultz: Die nördliche Ortenau. Bevölkerung, Wirtschaft und Siedlung unter dem Einfluß der Industrialisierung in Baden. 1982. 350 S., 96 Tabellen, 12 Figuren und 43 Karten.   DM 35,—

Heft 63 Roland Vetter: Alt-Eberbach 1800–1975. Entwicklung der Bausubstanz und der Bevölkerung im Übergang von der vorindustriellen Gewerbestadt zum heutigen Kerngebiet Eberbachs. 1981. 496 S., 73 Karten, 38 Figuren und 101 Tabellen.   DM 48,—

Heft 64 Jochen Schröder: Veränderungen in der Agrar- und Sozialstruktur im mittleren Nordengland seit dem Landwirtschaftsgesetz von 1947. Ein Beitrag zur regionalen Agrargeographie Großbritanniens, dargestellt anhand eines W-E-Profils von der Irischen See zur Nordsee. 1983. 206 S., 14 Karten, 9 Figuren, 21 Abbildungen und 39 Tabellen.   DM 36,—

Heft 65 Fränzle et al.: Legendenentwurf für die geomorphologische Karte 1:100.000 (GMK 100). 1979. 18 S.   DM 3,—

Heft 66 Interflow · Oberflächenabfluß · Grundwasser. Hydrologische und hydrochemische Messungen und Arbeiten auf dem Versuchsfeld Hollmuth/Elsenz im Kleinen Odenwald (in Vorbereitung)

Heft 67 German Müller et al.: Verteilungsmuster von Schwermetallen in einem ländlichen Raum am Beispiel der Elsenz (Nordbaden) (In Vorbereitung)

Heft 68 Robert König: Die Wohnflächenbestände der Gemeinden der Vorderpfalz. Bestandsaufnahme, Typisierung und zeitliche Begrenzung der Flächenverfügbarkeit raumfordernder Wohnfunktionsprozesse. 1980. 226 S., 46 Karten, 16 Figuren, 17 Tabellen und 7 Tafeln.   DM 32,—

Heft 69 Dietrich Barsch und Lorenz King (Hrsg.): Ergebnisse der Heidelberg-Ellesmere Island-Expedition. Mit Beiträgen von D. Barsch, H. Eichler, W.-A. Flügel, G. Hell, L. King, R. Mäusbacher und H. R. Völk. 573 S., 203 Abbildungen, 92 Tabellen und 2 Karten als Beilage. DM 70,—

Heft 70 Erläuterungen zur Siedlungskarte Ostafrika (Blatt Lake Victoria). Mit Beiträgen von W. Fricke, R. Henkel und Chr. Mahn. (In Vorbereitung)

Sämtliche Hefte sind über das Geographische Institut der Universität Heidelberg zu beziehen.

HEIDELBERGER GEOGRAPHISCHE ARBEITEN

Heft 71 Stand der grenzüberschreitenden Raumordnung am Oberrhein. Kolloquium zwischen Politikern, Wissenschaftlern und Praktikern über Sach- und Organisationsprobleme bei der Einrichtung einer grenzüberschreitenden Raumordnung im Oberrheingebiet und Fallstudie: Straßburg und Kehl. 1981. 116 Seiten, 13 Abbildungen. DM 15,—

Heft 72 Adolf Zienert: Die witterungsklimatische Gliederung der Kontinente und Ozeane. 1981. 20 Seiten, 3 Abbildungen; mit farbiger Karte 1:50 Mill. DM 12,—

Heft 73 American-German International Seminar. Geography and Regional Policy: Resource Management by Complex Political Systems. Editors: John S. Adams, Werner Fricke and Wolfgang Herden. 387 P., 23 Maps, 47 Figures and 45 Tables. DM 50,—

Heft 74 Ulrich Wagner: Tauberbischofsheim und Bad Mergentheim. Eine Analyse der Raumbeziehungen zweier Städte in der frühen Neuzeit (In Vorbereitung)

Heft 75 Kurt Hiehle-Festschrift. Mit Beiträgen von U. Gerdes, K. Goppold, E. Gormsen, U. Henrich, W. Lehmann, K. Lüll, R. Möhn, C. Niemeitz, D. Schmidt-Vogt, M. Schumacher und H.-J. Weiland. 1982. 256 Seiten, 37 Karten, 51 Figuren, 32 Tabellen und 4 Abbildungen. DM 25,—

Heft 76 Lorenz King: Permafrost in Skandinavien – Untersuchungsergebnisse aus Lappland, Jotunheimen und Dovre/Rondane. 1984. 174 Seiten, 72 Abbildungen und 24 Tabellen. DM 38,—

Heft 77 Ulrike Sailer: Untersuchungen zur Bedeutung der Flurbereinigung für agrarstrukturelle Veränderungen – dargestellt am Beispiel des Kraichgaus. 1984. 308 S., 36 Karten, 58 Figuren und 116 Tabellen. DM 44,—

Heft 78 Klaus-Dieter Roos: Die Zusammenhänge zwischen Bausubstanz und Bevölkerungsstruktur – dargestellt am Beispiel der südwestdeutschen Städte Eppingen und Mosbach. 1985. 154 Seiten, 27 Figuren, 48 Tabellen, 6 Abbildungen und 11 Karten. DM 29,—

Sämtliche Hefte sind über das Geographische Institut der Universität Heidelberg zu beziehen.